未读 ADR | 探索家

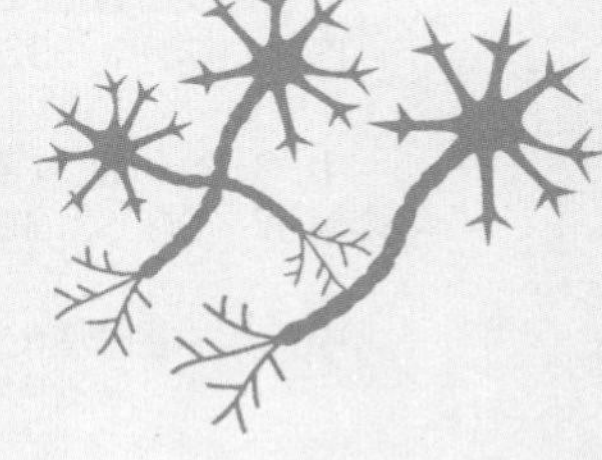

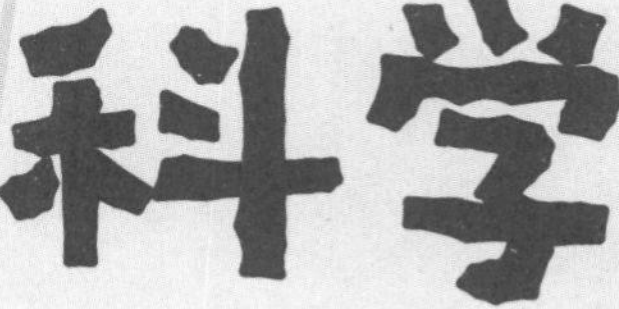

给忙碌青少年讲脑科学

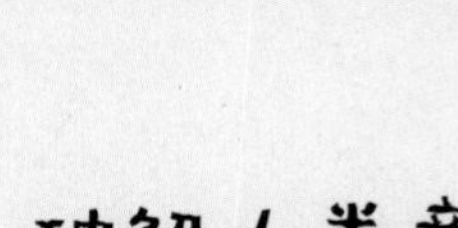

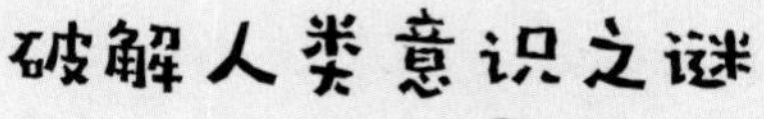

破解人类意识之谜

[英]《新科学家》杂志 编著

王晨 译

天津出版传媒集团

天津科学技术出版社

著作权合同登记号：图字 02-2020-389

图书在版编目（CIP）数据

给忙碌青少年讲脑科学：破解人类意识之谜 / 英国《新科学家》杂志编著；王晨译. -- 天津：天津科学技术出版社，2021.5
书名原文：Your Conscious Mind
ISBN 978-7-5576-8975-9

Ⅰ. ①给… Ⅱ. ①英… ②王… Ⅲ. ①脑科学－青少年读物 Ⅳ. ①Q983-49

中国版本图书馆CIP数据核字(2021)第062788号

给忙碌青少年讲脑科学：破解人类意识之谜
GEI MANGLU QINGSHAONIAN JIANG NAOKEXUE：
POJIE RENLEI YISHI ZHIMI

未读 | 探索家

选题策划：联合天际
责任编辑：布亚楠
出　　版：天津出版传媒集团
　　　　　天津科学技术出版社
地　　址：天津市西康路35号
邮　　编：300051
电　　话：（022）23332695
网　　址：www.tjkjcbs.com.cn
发　　行：未读（天津）文化传媒有限公司
印　　刷：三河市冀华印务有限公司

关注未读好书

未读 CLUB
会员服务平台

开本 710 × 1000　1/16　印张12　字数126 000
2021年5月第1版第1次印刷
定价：58.00元

本书若有质量问题，请与本公司图书销售中心联系调换
电话：(010) 52435752

系列介绍

关于有些主题，我们每个人都希望了解更多，对此，《新科学家》（*New Scientist*）的这一系列书籍能给我们以启发和引导，这些主题具有挑战性，涉及探究性思维，为我们打开深入理解周围世界的大门。好奇的读者想知道事物的运作方式和原因，毫无疑问，这系列书籍将是很好的切入点，既有权威性，又浅显易懂。请大家关注本系列中的其他书籍：

《给忙碌青少年讲太空漫游：从太阳中心到未知边缘》

《给忙碌青少年讲人工智能：会思考的机器和 AI 时代》

《给忙碌青少年讲生命进化：从达尔文进化论到当代基因科学》

《给忙碌青少年讲粒子物理：揭开万物存在的奥秘》

《给忙碌青少年讲地球科学：重新认识生命家园》

《给忙碌青少年讲数学之美：发现数字与生活的神奇关联》

《给忙碌青少年讲人类起源：700 万年人类进化简史》

撰稿人

编辑：卡洛琳·威廉姆斯是一位生活在英国的科学记者和编辑。她是《新科学家》杂志的顾问，并著有《超控：我对超越大脑训练和控制自己心智的追寻》（*Override: My quest to go beyond brain training and take control of my mind*, Scribe出版公司，2017）一书。

系列图书编辑：艾莉森·乔治是《新科学家》杂志“即时专家”系列图书的编辑。

书中的文章是以《新科学家》2016年大师班上关于意识的讲座，以及此前在《新科学家》上发表的一些文章为基础编撰的。这些文章的作者是一系列专家学者。

马克·贝科夫是科罗拉多大学博尔德分校的生态学和进化生物学名誉退休教授，研究重点是动物的行为和认知。他撰写了本书第10章的部分内容，称动物是有意识的，并应该得到相应的对待。

帕特里克·哈格德是伦敦大学学院的认知神经学教授。他的研究重点是自由意志行动的主观体验和大脑对身体的表征。他编写了本书第4章关于自由意志的内容。

尼古拉斯·汉弗莱是英国剑桥大学的理论心理学家，研究智力和意识的进化，他撰写了《灵魂尘埃：意识的魔法》（*Soul Dust:The Magic of*

Consciousness）一书。本书中，他编写了本书第 3 章的部分内容。

J. 凯文·奥里根是巴黎第五大学（巴黎笛卡儿大学）感知心理学实验室的前主任，他提出一种理解意识的新方法。他也是《为什么红色听起来不像钟声：理解意识的感觉》（*Why Red Doesn't Sound Like a Bell: Understanding the feel of consciousness*，牛津大学出版社，2011）一书的作者。他撰写了本书第 6 章“拥有意识的机器”。

莉斯·保罗是布里斯托尔大学的高级研究员，她在那里研究一系列动物及物种的情感和认知能力。她编写了本书第 10 章中关于动物意识研究方面的内容。

阿尼尔·赛斯是英国萨塞克斯大学塞克勒意识科学中心的联合主任，他研究的是意识的大脑基础。他是即将问世的《存在的房间》（*The Presence Chamber*，费伯出版社，2019）一书的作者。他的研究专注于理解意识的生物学基础，这也是他在本书第 2 章中阐述的内容。

马科斯·泰格马克是麻省理工学院的物理学教授，专攻精密宇宙学。他在自己的著作《我们的数学宇宙》（*Our Mathematical Universe*）中探索了意识的物理机制。他撰写了本书第 3 章“意识是第四种物质状态吗？”一文。

亚当·泽曼是一位临床医生，他在埃克塞特大学医学院研究认知和行为神经学，包括睡眠神经障碍。他也是《意识：用户指南》（*Consciousness: A user's guide*）一书的作者。他撰写了本书第 5 章中关于意识障碍的内容。

还要感谢下列记者和编辑：

阿尼尔·安恩阿斯瓦密、塞莱斯特·比弗、迈克尔·布鲁克斯、琳达·格迪斯、哈尔·霍德森、瓦莱丽·贾米森、丹·琼斯、希尔斯廷·基德、格雷厄姆·劳顿、蒂芙尼·奥卡拉汉、肖恩·奥尼尔、大卫·罗伯森、劳拉·斯平尼、凯特·苏克尔、海伦·汤姆森、普鲁·沃勒。

前言

在关于人类存在的所有奥秘中，最大的谜团一定是下面这些：什么是意识？它是真实的还是一种假象？无论如何，它是如何发挥作用的？

早在人类知晓大脑是进行思维的器官之前，我们就已经对此类问题思考良久了。公元前 5 世纪，希波克拉底（Hippocrates）注意到大脑受伤的人会丧失某些方面的意识，在此之前，从未有人意识到意识和大脑有任何关系。

但这些疑问并未就此停止。大脑，这一团豆腐状的黏糊糊的物质，怎么赋予我们如此丰富的体验？我们如何判断自己的体验是否和他人相似？我们每个人一开始就会体验到意识吗？在潜意识中发生着什么，这如何影响我们对自由意志的认识？

我们尚未掌握所有答案，但是这些问题将让科学家们和哲学家们在接下来的几个世纪忙个不停。

不过，这里存在一些有趣的想法，很多比小说还奇特。为了在哲学和神经科学的深邃海洋中遨游，我们汇聚了意识研究领域最伟大的头脑产生的想法，并将其与《新科学家》一众作者的专业知识相结合。我们承认，本书并未含有人类思维相关谜团的所有答案，但是它将会提出一些令人着迷的新问题。这些问题甚至会让你重新思考你对现实的所有认识。

编辑　卡洛琳·威廉姆斯

目录

1

意识的“难问题”简介

世上有许多难以解答的问题，但其中只有一个可以称为“难问题”，那就是意识问题——大约1千克的神经元如何唤起时刻不停的感觉、思想、记忆和情感？它们为何会像万花筒一样汇聚交织，充斥于每一个清醒的时刻？

意识之谜

问问你自己：你觉得自己有意识吗？你能够思考这个问题的事实表明，答案大概是肯定的。我们自己的意识似乎是生活中如此显而易见的特征，以至于大多数时候我们从不会停下来思考它。

现在，看着离你最近的人的眼睛。他们有意识吗？这次想得到确定的答案就困难多了。无论你凝视的是挚爱之人还是陌生路人，这个问题都同样难以回答，并不存在真正能判断他们是否存在意识的方法。即使他们有意识，也不可能知道他们的意识体验是否与你的有任何相似之处。一旦开始对动物甚至机器提出同样的问题，事情就会变得更加复杂。

理解意识的基本特征，让哲学家们纠结了几个世纪。早在 17 世纪，勒内·笛卡儿（René Descartes）就为这个问题的现代辩论奠定了基调，他宣称身体和意识心智是用截然不同的材料制造的。在笛卡儿看来，身体和大脑与其他实体对象（例如桌子和椅子、岩石和植物）一样，都是按照同样的方式由物质构成的。而心智，以及我们的想法、信念、精神生活和记忆，都是非物质的——既看不到，也无法触摸或直接观察。这一论断为之后的许多关于意识的辩论定下了基调。

“难问题”

1995 年，纽约大学的哲学家大卫·查尔默斯（David Chalmers）升级了笛卡儿的观点，称其为“难问题”（the hard problem）。查尔默斯提出，理解大脑的工作机制并不能解答你关于意识的任何问题，因为虽然大脑作为实体存在，但意识心智却无法观察或者测量。

在查尔默斯看来，理解大脑是“容易问题”。例如，我们可以知道大脑是由 1 千克左右高度连接的神经元构成的，而其中的部分神经元专门负责特定功能。我们还知道，神经元之间的信息流同时通过电和化学反应两种方式实现。然而，纵使我们能解释自己的眼睛如何令大脑感知与颜色对应的光线波长，但想解释看到红色这种颜色到底是怎样的感觉，这些知识却完全无能为力。按照此观点，即便理解了关于大脑运作的所有细节，也无助于我们理解意识，因为这并不能让你明白关于红色的体验到底是什么“感觉”。或者，按照同样来自纽约大学的托马斯·纳格尔（Thomas Nagel）在 20 世纪 70 年代的说法：你可以清楚蝙蝠大脑实际运作机制的每一个细节，但仍然不明白作为一只蝙蝠的感受（见“感受质”）。

再举一个例子。将这本书放在你眼前。此时此刻，你正经历着看到纸张（或者屏幕）、词语和插图的意识体验。你看到纸张的方式对你而言是独一无二的，没有任何其他人能够确切地知道你自己是什么感觉。

这正是意识的定义方式：它是你自己私有、个人化且高度主观的体验，没有办法向其他任何人解释你的感觉是怎样的。

感受质（Qualia）

按照哲学术语，我们有关“像什么一样”的体验感觉，被称为感受质。感受质是一种个人化的主观体验：水的冷，红色的红，幸福的感受。“难问题”的支持者声称，对大脑生理机制有再多了解也无法恰当地描述感受质，因为世上有多少人，就有多少种感受质，我们根本无法比较它们。事实上，有人认为，基于我们目前对物理法则的理解程度，去理解意识体验的感受质可能为时尚早。

所以，如果意识不是实体，那它是什么？这种观点的极端版本认为，意识是宇宙的基本成分，它与物质并存，而且按照我们目前对物理学的理解，无法解释它的特性——这种假设或许有点过于便利了。查尔默斯说，如果发展到极端情况，这种想法会导致泛心论（panpsychism），即所有物质——甚至是岩石这样的无生命物体——都具有一定程度的意识。

僵尸（Zombies）

另一个挑战是，你不可能知道其他人是否在体验感受质。有可能其他人都是“僵尸”，并不是恐怖电影里的僵尸。在哲学思想实验中，这个词指的是那些貌似和其他人几乎完全一样，但只有一个关键的差异：他们没有意识。用大头针扎一下这种“僵尸”，他会说“啊”并退缩。但这只是一种条件反射——他并未感受到疼痛。实际上，这个“僵尸”根本没有主观的感觉体验，也就是“感受质”。目前还没有一种确切的方法，能准确地判断我们身边的人是不是“僵尸”。

“不太难的问题”

另外，像塔夫茨大学（位于马萨诸塞州的梅德福）的哲学家丹尼尔·丹尼特（Daniel Dennett）这样的“唯物主义者”坚称，并不存在所谓的“难问题”，当我们对大脑的工作机制足够了解时，最终我们将能够理解意识——而且或许能够找到度量感受性和找出“僵尸”的方法。

在丹尼特看来，大脑的信息处理能力产生意识并不需要某种神秘的过程。实际上，他将笛卡儿的看法称为“思想史上最大的错误之一”。

丹尼特辩称，意识是大脑运行的直接结果。按照这种观点，大脑是一种制造假设的机器，不断抛出关于世界正在发生什么的新“草稿”，并不断对其进行更新。那么，由此产生的意识，就不是某种脱离于身体之外的神秘体验，而是发生在身体和大脑之内，有关信息流动的副产品。换句话说，它是一种令人信服的假象。

而且，大脑不仅产生有关意识的假象，还会产生一种感觉：存在一个独立、非物质且拥有意识体验的“我”。对此同样有两种截然不同的看法，要么将其视作神秘的无法解释的“他者”状态，要么将其视作另一种假象，这种假象是由我们的生活体验以及我们与其他人的关系拼凑而成的。

虽然这些关于意识的困难问题不存在简单的答案，但是从科学角度来看，唯物主义者的理论有两个优点。

其一，不需要解释物质对象和非物质对象之间奇怪的互相作用，因为按照唯物主义者的观点，所谓的非物质不过是镜花水月。其二，它让“难问题”消失了，转而去鼓励人们解释大脑是如何完成这场骗局的。

在过去的 20 年里，这个问题已被引入神经科学的领域。继续阅读下面的内容，看看沿着这个方向的探索已经教会了我们什么。

2

意识的生物学基础

在理解意识的生物学基础方面，神经学家已经取得了巨大进展，而且由于技术进步，现在甚至能够观察意识在大脑中的实时作用。下面是相关的入门简介。

意识的原材料

意识在大脑中的基础是神秘的，但并不是那种遥不可及的谜团。正如马克·哈登（Mark Haddon）最近所说的，意识的原材料并不位于宇宙的另一端，并不发生在140亿年前，也并没有藏匿在原子之中。它就在这里，在你的脑袋里。

实际上，如果我们将意识为什么会存在这样的哲学问题放到一边，我们就可以探究大脑的物理学和电学迹象，即所谓的意识的神经关联（neural correlates of consciousness）。

遗憾的是，大脑不会轻易透露它的秘密。根据最新统计，大脑含有将近900亿个彼此间存在大量连接的神经元，如果你每秒数一个神经元，需要300万年才能清点完毕。即使如此，这也不足以说明大脑的复杂性。真正不同寻常的不是结构本身，而是架构起整个结构的连接模式。从某种程度上说，正是它们决定了，你最终能成为你。

这些连接模式如何拼凑成为意识，这是个大问题。那么，我们应该从哪里入手来理解这一切是如何运作的呢？一种方法是将这个问题分解成若干可研究的部分，然后逐一探索意识不同方面的生物学基础。

例如，我们可以区分意识的程度（清醒、完全清醒或全身麻醉之间的区别）、体验内容（我们在感受和做出反应的是什么）和自我意识（一种神秘而又熟悉的感受，即所有一切都被一个统一的“我”体验）。

意识水平

什么东西在大脑中，决定了我们有无意识？在最简单的层面上，大脑似乎的确拥有至少一个开关。丘脑髓板内核（intralaminar thalamic nuclei）是丘脑

（thalamus）的一部分，坐落在大脑的正中央，位于脑干顶端。如果大脑的这个部位受损，意识将完全关闭。对于我们是有意识还是清醒但无意识，大脑深处的一层薄片状组织屏状核（claustrum）似乎也起到重要作用。（见“意识的最佳操纵位置？”）

意识的最佳操纵位置？

上一个瞬间你还是有意识的，紧接着就失去了意识。大脑中真的可能存在这样的意识开关吗？似乎真有。2014 年，通过刺激某位女性大脑中的一小块区域，科研人员成功地打开和关闭了她的意识。

这位女性当时正在进行探索性外科手术以定位其癫痫发作的来源，一枚电极插在她大脑深处名为屏状核的薄片状脑组织旁。这是一个此前从未被科研人员刺激过的区域。

当这支团队使用高频电脉冲刺激该区域时，这名女性失去了意识。她停止阅读，眼神茫然，对听觉和视觉命令毫无反应，而且呼吸也变慢了。刺激刚一停止，她就立刻恢复了意识，并对刚刚发生的事浑然不觉。

虽然只在一个人身上测试过，但这个发现提供的证据表明，屏状核对于意识在大脑信息旋涡中的诞生至关重要。西雅图艾伦脑科学研究所的克里斯托弗·科赫（Christof Koch）是这一想法的支持者，他认为屏状核起到一种意识导体的作用，它整合来自大脑不同区域的信息，并将在不同时刻抵达的信息融为一体。2017 年，这种理论得到进一步的支持，科学家发现，有三条极长的神经元从小鼠的屏状核伸出并环绕小鼠的脑，途经许多重要区域。

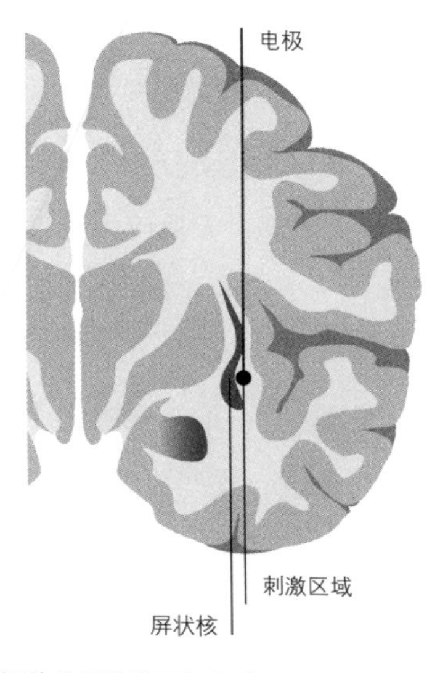

图 2.1　位于大脑深处的屏状核可以将我们的感知结合成一个凝聚的整体

不过，所有人都同意的是，意识水平的差异不仅体现在简单的打开或关闭。例如，我们知道即便在睡着时，一个人也可以在梦中拥有类似正常清醒意识的体验。相反，处于持久性植物状态的人可能在生理上是清醒的，但缺乏任何意识迹象。

最新研究表明，虽然若干重要的大脑区域和细胞类型涉及意识的形成，但整体体验取决于该活动在大脑中的协调方式以及它发生的时间跨度。

那么我们如何量化意识水平呢？意大利米兰大学的马尔切洛·马西米尼（Marcello Massimini）提出了一种颇具前途的方法。他和他的同事先用电磁脉冲刺激大脑（所谓的经颅磁刺激，简称 TMS），然后通过脑电图（EEG）测量活动波如何在大脑中传播——EEG 是关于脑电活动的一种度量，通过颅骨表面的电极记录数据。施加电磁脉冲就像敲击一口钟，取决于单个大脑细胞之间连接的活跃程度，整个大脑的神经元都会以特定的波形“鸣响”。

通过分析大脑反应的这些波形的复杂性，马西米尼和他的团队得出一个介于 0 和 1 之间的数字，他们将其称为扰动复杂性指数（Perturbational Complexity Index，简称 PCI）。处于植物人状态、无反应大概也无意识的人，PCI 接近 0。根据一项研究显示，似乎存在一个约为 0.3 的临界值，可区分意识状态和无意识状态。

后续研究仅使用 EEG 测量法——取消电磁脉冲——检查是否仍可用复杂性度量来确定意识水平。简单地说，这些测量量化的是大脑信号的“多样性”或“不可预测性”。而实际上从清醒的休息状态到轻度镇静再到全身麻醉，对自发复杂性的测量结果也是逐步降低的。类似，对于大脑中置入电极以定位癫痫发作来源的受试者，相关研究表明，当他们睡着时，复杂性也出现了整体的下降。有趣的是，在做梦时的快速眼动（REM）睡眠中，人们大脑动态的复杂性和正常清醒意识下基本相同——这告诉我们，这些复杂性度量专门反映意识水平，而不是清醒状态下简单的生理变化。

至于“更高”的意识状态，一些最近的研究使用一种名为脑磁图（magnetoencephalography，简称 MEG，测量大脑活动时产生的微小磁场）的方法研究麦角酸二乙基酰胺（LSD，非法强致幻药物）、磷酰羟基二甲色胺（psilocybin，又称裸盖菇素，来自致幻蘑菇裸盖菇）和氯胺酮（ketamine，一种麻醉剂，也被用作派对迷幻毒品，俗称“K 粉”）等致幻药物服用者的大脑动态。和基准状态相比，这些药物的效果与麻醉或入睡相反。它们提高了大脑的复杂性水平——这种情况还是第一次被观察到。这是不是达到“更高境界”的迹象，表明产生了更高的意识水平？现在做出明确的判断还为时过早，但这是未来研究的一条有趣路径。

这些衡量意识水平的方法与威斯康星大学的神经学家朱利奥·托诺尼（Giulio Tononi）提出的一种日益流行的意识理论（称为整合信息理论，简称IIT）有关。（见“整合催生了意识？”）然而，如上所述的现有度量仅为该理论提供了粗略的近似值。对于任何真实存在的系统，整合信息的完整版本实际上都是不可测量的。

整合催生了意识？

我们不会分别体验颜色、形状和声音，而是将它们作为一个充分整合的总体。威斯康星大学麦迪逊分校的神经学家朱利奥·托诺尼提出了一种描述该过程的理论。他说一个系统要想拥有意识，它必须以一种特别的方式整合信息，令整体产生的信息大于各部分之和。在意识心智中，整合信息不能被简化为更小的组块。当你感知到一个红色三角形时，大脑无法将对象识别为一个无色三角形加上一块没有形状的红色。

托诺尼提出了对系统如何做到这一点的度量方式，并将其称为phi。根据他的理论，整合信息的能力是意识的关键属性。数码相机拥有惊人的储存能量，但其数百万个像素却永远无法“看见”照片。你的心智可以，因为你的大脑活跃地整合信息，从而在数据中获取意义。

计算phi的一种方法需要将一个系统一分为二，并计算与整个系统相比，这两个部分如何预测它们未来的状态。有一种切割方式是“最严厉的”，得到两个彼此独立性最强的部分。如果最严厉的切割得到的两部分完全独立，令“整体”不大于它们的和，那么phi就是0，这就说明系统不具有意识。它们的依赖关系越强，phi的数值就越大，系统的意识水平就越高。

托诺尼的方法可以解释意识的某些有趣的方面。为什么我们入睡时会失去意识？他会说此时是来自大脑专用通路的信息不再被整合的时候。为什么大脑受伤引起的癫痫与意识丧失相关？可能是因为癫痫发作令这些通路过载，阻断了复杂的信息交换。

至于哪些大脑区域涉及意识水平的维持，最近人们已经开始注意大脑皮质后部的“热区”——主要是顶叶（parietal）和枕叶皮质区（occipital cortex）。这个区域的活性似乎可以非常准确地区分有意识和无意识状态。威斯康星大学麦迪逊分校的弗朗西斯卡·斯科拉里（Francesca Siclari）及其同事的一项研究可能提供了迄今为止最好的证据。他们没有简单地比较清醒和入睡两种状态（除了意识的丧失，这种比较还涉及大脑和身体的许多变化），而是只观察入睡时的大脑。通过每天夜晚唤醒人们许多次并询问他们刚刚有没有做梦，研究人员就能够比较人们做梦时以及没有任何意识体验时的大脑活动。这样，大脑和身体的总体状态是相同的，因此研究人员发现的任何差异都能够更紧密地与意识本身联系起来。

在这种比较中，后皮质“热区”与有意识的体验密切相关。实际上，这种相关性非常显著，以至于研究人员可以仅仅通过该脑部区域的活动，就能在叫醒一个人之前准确预测此人醒来后是否报告自己做梦。

婴儿有意识吗？

在成年人中，看见、感觉或者听到某样事物的意识知觉与大脑活动的两阶段模式有关。例如，在视觉刺激出现后，视觉皮质区立即点亮。在200～300毫秒后，其他区域点亮，包括处理更高层次认知的前额皮质。一些研究者认为，只有在神经活动的第二个阶段达到特定阈值后，人才会产生意识知觉。

这在成年人当中是容易研究的，因为他们能够在清醒时报告自己的状况，但是对于婴儿，不可能通过提问同样的问题来发现他们是否以及如何意识到环境中的某样事物。

巴黎高等师范学校的锡德·库伊德（Sid Kouider）和他的同事们解决了这个问题，他们将脑电图帽戴在5个月、12个月和15个月的三组婴儿头上，并记录他们看到一系列快速变化的图片时的大脑活动。和成年人一样，所有婴儿都符合预期，表现出两个阶段的模式。但在第二阶段，也就是意识知觉相连的活动中，反应速度慢得多。

5个月大的婴儿的反应最慢最不明显，在第二阶段出现之前，存在一段超过1秒的延迟。12个月大的婴儿，在展示图片的800～900毫秒后，出现了第二阶段的活动。15个月的婴儿的反应和12个月的非常相似。

似乎婴儿使用同样的机制有意识地记录周围世界中的事物。只是完成这一过程的时间稍长一些。

意识的内容

当你有意识时，你会感知到各种事物。然而，虽然我们看见、听到和感受到的东西似乎非常真实，但有充足的证据表明，我们的感知，其实是一种“被控制的幻觉”，即大脑对导致其感觉输入原因的“最佳猜测”。

思考这一点：大脑被锁在颅骨之内。它无法直接触及世上的事物。它甚至无法直接触及其身体。大脑只能接受从不同感觉器官（眼睛、耳朵等）抵达大脑的电信号。这些信号嘈杂而模糊，然而大脑必须以某种方式搞清楚它们到底是什么。

早在19世纪，德国生理学家赫尔曼·冯·亥姆霍兹（Hermann von Helmholtz）就曾提出，大脑做到这一点的方式是充当一种做出预测的机器。它将来自外部世界的感官信息与对世界存在方式的预先假设（或期望）结合起来。这会让它做出对造成感官信号的原因的“最佳猜测”，而这就是我们有意识地感知到的内容。

图 2.2　阿德尔森棋盘错觉

这个概念一开始并不容易消化，但使用一个简单的视觉误差（阿德尔森棋盘，见图2.2）就很容易解释清楚。

乍看之下，标记A和B的方块呈现出不同程度的灰色。但实际上它们的深浅程度是一样的。这里展示的是，大脑使用了它此前掌握的知识，即投射在表面上的阴影会让该表面显得更深。由于我们期望B和它所处对角线中的其他所有方块颜色一样，于是大脑产生的预测认为，方块B在“真实世界”中大概是浅灰色的。继而，大脑将其感知为浅灰色，但是被阴影稍微加深了。这种效果是如此强烈，即使指出这是错觉，你的感知也不会改变。

这种思维方式极大地改变了我们看待大脑问题的角度。按照这种逻辑，与其说是感觉忠实地记录着外部世界发生的事情并通知大脑，倒不如说是从大脑内部向外回流至感官表面的信息连接在负责产生感知。换句话说，我们来自意识知觉的信息在很大程度上是大脑的一种构建：它是一种“受控制的幻觉”，在这种幻觉中，我们的感知预测不断受到来自外部世界的感官信号的支配。

至于这种最佳猜测机制在大脑中的物理基础，越来越多的证据表明，感知预测以及自上而下的信号传导对于有意识的感知起到重要作用。早在2001年，神经学家文森特·沃尔什（Vincent Walsh）和阿尔瓦罗·帕斯夸尔·莱昂内（Alvaro Pascual Leone）就完成了相关实验。他们让人观看一大团移动的点，并在该过程中使用经颅磁刺激打断大脑活动。他们发现，当打断自上而下（或者说由内而外）的信号时，人们就会在观看时无法意识到这些点在移动。这说明大脑需要其内部预测以理解外部世界的状况。

后来，拉尔斯·木克里（Lars Muckli）和他在格拉斯哥大学的同事们指出，可以使用功能性核磁共振（functional MRI；用于测量大脑内的代谢活动或血液流动）来“解码”人们正在观看何种视觉场景。至关重要的是，他们甚至可以从视觉皮质中并未接收到任何感觉输入的部分解码该信息——这意味着它必然基于来自大脑其他部分的“自上而下”的预测。

最近的另一项研究将感知预测与大脑中所谓的“阿尔法节律”（alpha rhythm）联系在一起。后者是出现在大脑活动中的一种显著振荡（一种“脑波”），发生频率大约为 10 赫兹（每秒 10 个周期），并且在大脑后部的视觉皮质周围尤其明显。

这项研究是在萨塞克斯大学的塞克勒中心进行的，它发现感知预测在阿尔法周期的特定“阶段”会对意识感知产生更大影响：例如，每当这种脑波处于波峰时，与它处于波谷时相比，感知预测都会对一个人有意识地看到的东西产生更大影响。

意识到某样事物可以让我们做什么？答案或许显而易见，但是当我们意识到某样事物时，我们的行动可以非常灵活。如果我看见一个咖啡杯，我可以置之不理、将它拿起，或者将它扔到房间的另一头，无论我想干什么都可以。一项极具影响力的研究——全局工作空间理论（global workspace theory；见“意识的全局工作空间模型”）——提出，造成这种灵活性的原因是，无论我们的意识中存在什么内容，在任何时刻，它们都在不同的大脑区域之间广泛“播放”，从而让人能够以各种不同的方式做出反应。实际上，全局工作空间理论的许多支持者认为，这种“广播”过程实际上就是意识本身。

要想测试意识感知和全局广播之间的关联，一种有效的方法是将某种视觉刺激（比如在屏幕上非常清晰地呈现出的大写字母“A”）引起的大脑活动以及同一种视觉刺激在人没有意识到自己看见时引起的大脑活动进行比较。能达成此效果的方法有很多，例如非常短暂地展示该刺激，然后立刻使用无意义图案跟随——这种技术称为掩蔽（masking）。遵循这种方法的许多实验发现，与人们没有产生意识感知时相比，当他们报告自己产生了意识感知的时候，所谓的额顶叶网络（fronto-parietal network）点亮了。实验结果似乎非常肯定地支持全局工作空间理论，该理论将额顶叶网络与工作空间联系起来。然而，包括前文提到的后皮质“热区”相关研究在内，一些最近的发现正开始挑战这一观点。

意识的全局工作空间模型

我们的意识体验的内容总是在持续不断地变化。“全局工作空间模型”是1998年由加利福尼亚州圣地亚哥神经科学研究所的伯纳德·巴尔斯（Bernard Baars）首次提出的，该模型试图描述这些转变的发生机制。

巴尔斯提出，无意识的体验在大脑的不同独立区域得到连续不断的局部处理，而且大脑还追踪身体和记忆中正在发生的事。只有当这些信息被广播到一片神经区域网络，也就是分布在大脑许多不同区域的“全局工作空间”时，我们不断变化的体验的各个不同方面才会被我们意识到。然后，这些信息在转瞬即逝的协调活动中回荡，于是我们有意识地记录下我们正在体验的事物。

对该理论的支持来自所谓的双眼竞争实验，这些实验用良好的证据指出大脑的确积极地选择将哪些信息发送给我们的意识。在通常情况下，我们的双眼看到的是同样的场景，所以大脑可以轻易地将两项单眼输入结合成完整一致的图像。但是在此类实验中，当左眼看到的图片和右眼看到的完全不同时，大脑为了解决这种冲突，一次只会让你看到其中一张图片。换句话说，你只能意识到左眼或者右眼图片，但永远不可能同时意识到它们。

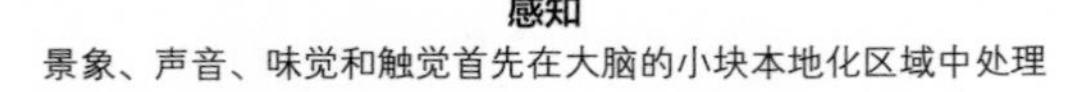

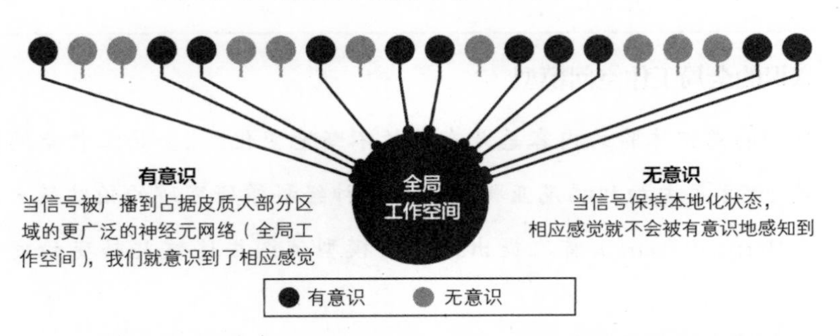

图 2.3　广播意识：全局工作空间模型提出，意识源于大脑中高度协调而广泛的活动

当我们意识到某样事物时，大脑中发生的确切情况仍在研究中，而且还有很多东西有待了解。但看起来越来越有可能的是，我们对“现实”的体验实际上是一种由大脑产生并立即更新的受控制的幻觉。

保持那个想法

关于意识的产生，大脑所做的很可能就是这一点。最近的研究表明，意识感知需要大脑活动保持数百毫秒的稳定状态。脑电波模式的这种特征可以用于区分脑损伤患者意识障碍的程度。

神经学家认为，意识的产生需要神经元以特定的方式活跃起来，以产生稳定的大脑活动模式。具体模式将取决于感官信息是什么，但是一旦信息得到处理，他们认为大脑应该在短时间内保持模式的稳定——仿佛是大脑需要一点时间来读出信息似的。

2009 年，瑞士联邦理工学院洛桑分校的亚伦·舒格（Aaron Schurger）通过使用功能性核磁共振机扫描 12 名志愿者大脑的方法检测了该理论。

同时向志愿者展示两张图像，左眼和右眼各看一张。一只眼看到的是绿底红线图，另一只眼看到的则是红底绿线图。这种混淆导致志愿者有时有意识地感知到图画，有时无法感知。

当人们报告称自己看见图像时，平均而言，扫描结果显示他们的大脑活动是稳定的。当他们说自己什么也没有看见时，大脑活动更为多变。舒格和他的同事们重复了这个实验，这次他们使用脑电图和脑磁图技术测量了大脑活动产生的电场和磁场。与功能性核磁共振相比，这些技术提供更好的瞬时分辨力，让该研究团队能够观察到一个大脑内的活动模式如何在数毫秒内发生变化。

基于他们此前的工作，该团队预期，当志愿者报告看见图像时，他们的大脑活动能保持稳定的数百毫秒，而在他们看不见图像的时候，大脑活动应当是高度变化的。然后该团队在116名意识障碍患者身上测试了他们的技术。这些患者要么只有最低程度的意识，要么处于植物人状态，要么刚刚从昏迷中恢复，研究人员为他们播放一个音调，同时记录他们的大脑活动。患者的意识越强烈，其大脑活动的稳定性越高。

这项工作支持并强化了意识的全局工作空间理论。

意识联结

在对意识起源的追寻中，科学家早在将近一个世纪之前就发现了一条重要线索。

1926年，当康斯坦丁·冯艾克诺默（Constantin von Economo）使用显微镜进行观察时，他发现了一些不同寻常的脑细胞，它们呈细长的纺锤形，而且比周围的脑细胞大得多。它们看上去是如此格格不入，以至于一开始冯艾克诺默以为它们是某种疾病的迹象。但是，随着他对大脑的观察越多，他就能发现越多此类奇怪的细胞——而且它们总是出现在大脑中两个小区域中，而这两个区域逐渐会进化为专门处理气味和味觉的区域。

冯艾克诺默将这些脑细胞称为“连杆和瓶塞钻细胞”，并短暂地思考了它们可能的作用，但是由于缺乏进一步探索的技术，他很快就转到了更有希望得到成果的研究方向上。

将近 80 年后，纽约西奈山大学的埃丝特·尼姆钦斯基（Esther Nimchinsky）和帕特里克·霍夫（Patrick Hof）也偶然发现了这些外表奇怪的成簇神经元，而这一次他们拥有的技术可以更详细地研究它们。如今，经过十几年的功能成像和尸检研究，越来越多的证据表明，它们可能与被我们称为意识的丰富内心生活有关。

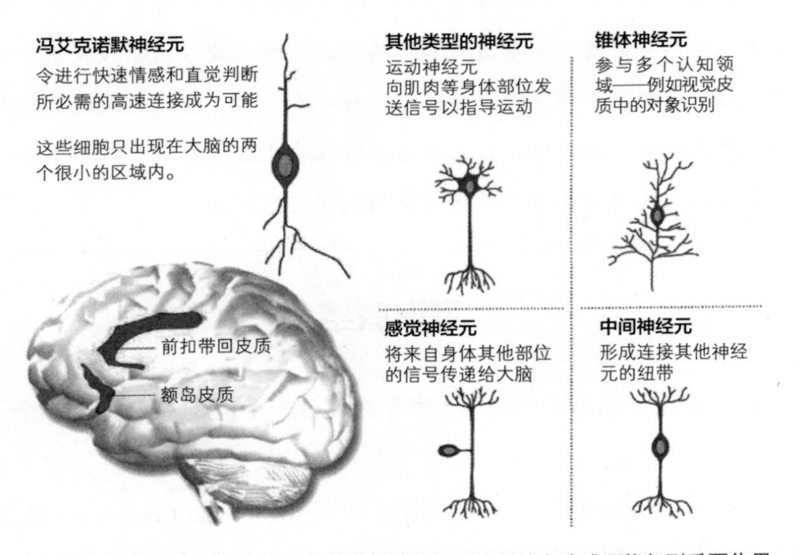

图 2.4　决定判断力的细胞。冯艾克诺默神经元对我们的自我感可能起到重要作用

这些巨大的脑细胞如今称为冯艾克诺默神经元（von Economo neurons，简称 VENs），它们比典型的人类神经元大至少 50%，有时可比后者大 200% 之多。而且大部分神经元的细胞体呈锥形，细胞两端有细长分叉的树状连接结构，称为树突（dendrites），而冯尹克努姆神经元拥有更长的纺锤形细胞体，细胞两端各有一个分叉极少的突出结构（见图 2.4）。它们还很稀少，在神经元中的比例只有 1%，出现在人脑的两个很小的区域中：前扣带回皮质（anterior cingulate cortex, ACC）和额岛皮质（fronto–insular cortex）。

它们在这些区域出现，表明冯艾克诺默神经元可能是我们心理机制的核心部位，因为前扣带回皮质和额岛皮质大量参与我们内心生活的许多更加高级的方面。当我们看到社交相关的暗示，无论是皱眉的面孔、痛苦的表情或者只是我们所爱之人的声音，这两个区域都会开始活跃。当母亲听到婴儿的哭声时，这两个区域都会产生强烈的反应。当我们经历诸如爱、色欲、愤怒和悲伤等情绪时，它们也会点亮。

这两个大脑区域似乎还在“突显”（salience）网络中发挥关键作用，该网络使我们在潜意识中关注周围发生的事，并将我们的注意力引向最紧迫的事件，与此同时监控来自身体的感觉以探测发生的任何变化。此外，当一个人识别出镜子里自己的影像时，这两个区域都处于活跃状态，这说明大脑中的这些部位是我们自我感的基础，而自我感是意识的关键组成部分。

这能形成一种持续更新的“我现在感觉如何”的意识：前扣带回皮质和额岛皮质接受来自身体的输入，并将它们与社交暗示、思想和情感联系在一起，从而迅速且高效地改变我们的行为。

意识的感觉运动理论

关于意识的生物学基础，有一种理论关注的不是大脑，而是我们的身体与环境互相作用的方式。在巴黎第五大学的凯文·奥里根看来，我们对感受质的体验并不是某种特殊的大脑机制产生的，而是包含在我们通过我们的感觉与世界互动时所做的所有事情中。

当我们感受到粗糙的表面时，感觉的精确特性是由手指在该表面滑动时发生的所有感觉组成的，例如，当我们快速或缓慢地移动手指，或者当我们移动手指时用力或轻轻按压，手指的振动都会以特定方式发生变化。粗糙感是由所有可能的互动模式精确地构成的。

只是用眼睛看，我们可以想象粗糙感，但是它没有同样的真实度，因为我们实际上并没有和该表面进行实体互动。不过只是与世界互动仍然不够，奥里根认为我们还需要留意刺激并处理相关信息。否则，无论红色有多红，表面有多粗糙，我们都永远不会意识到自己对它的体验。关于这一点的更多细节，见第6章。

自我

当我们醒来时，它就在那里，而当我们入睡，它就悄悄溜走，也许会重新出现在我们的梦里。它就是我们拥有的那种感觉，感到自己被锚定在被我们所拥有和控制的身体中，并从这具身体内部感知世界。它还是我们对自己贯穿时空的个人身份的感觉，从我们最初的记忆到此时此刻，再到想象中的未来。意识自我是我之存在的特殊体验，而意识存在的体验不是仅仅一件事，而是意味着许多事。

我们可以认为自我具有三个方面：实体自我（来自我们的具身性感知）；心理自我（包括我们的主观视角、我们的自传式记忆以及区分自我和他者的能力）；一种更高层次的主观能动性，它将实体自我的行为归因于心理自我（更多相关信息见第 4 章）。

这些如何拼凑成一个统一的自我？在为这个问题寻找解释时，现代神经学倾向于采纳一种用于意识的许多其他特征的类似解释：它是在其他更普遍的过程中产生的一种错觉。换句话说，我们对自己作为某个综合自我之存在的体验，同样是大脑对来自我们的身体、环境和我们的社交世界的各种信号之原因的最佳猜测。

证据来自各个方面。例如，在著名的橡胶手错觉中（见第 11 章），实验者用画笔轻抚志愿者的手（被隐藏在视线之外）和毗邻的可见橡胶手。轻抚动作以相同的速度同时在真手和橡胶手的同一部位上进行。数分钟之内，大多数人报告称自己感觉到了橡胶手上的画笔触感，仿佛它属于他们的身体一样。这说明我们对自我的感觉足够灵活，可以将完全异质的东西添加到“我”这一概念上来。基于我们的大脑对输入信号源的最佳猜测，自我处于不断更新的过程中。

实体自我感

该实验的更新版本进一步探讨了这种效果。通过使用虚拟现实版本的橡胶手错觉，一项研究表明，当虚拟手上的闪光和志愿者的心跳频率同步时，志愿者更容易感觉虚拟手是属于自己的。

这表明，实体自我感不只取决于来自外界的信号（被轻抚的感觉），还取决于对“自我性”的内在测量，例如我们的心跳节奏。

时间线：对意识的认识

1641 年

法国哲学家勒内·笛卡儿区分了物质自我（身体）和非物质自我（心智）。

1690 年

哲学家约翰·洛克（John Locke）将意识定义为“对在人的心智中所经过之事物的感知”，为后来的研究奠定了基调。

1960 年

罗杰·斯佩里（Roger Sperry）进行了首批对“裂脑”患者的研究，并描述了奇特的自我觉察和认知失调现象。

1968 年

发现四个睡眠阶段，我们会在这些阶段经历不同程度的意识丧失。

1970 年

小戈登·盖洛普（Gordon Gallup Jr）开发了镜像自我认知测试。

1974 年

托马斯·纳格尔发表文章《作为一只蝙蝠是什么感觉？》（*What is it like to be a bat?*），提出了理解意识体验的主观性问题。

1998 年

橡胶手错觉首次表明，我们的自我感比我们之前认为的更灵活。

2011 年

艾德里安·欧文（Adrian Owen）使用脑电图测量法，令被认为处于植物人状态的患者能够做出反应。

2014 年

克里斯托弗·科赫提出，意识拥有至关重要的网络属性。

2014 年

计算机人工智能通过图灵测试。

1838 年

查尔斯·达尔文看见一只红毛猩猩照镜子，并思索它是否拥有自我觉察。这后来启发了自我意识的“镜子测试”。

1890 年

哲学家威廉·詹姆斯（William James）出版了《心理学原理》（*The Principles of Psychology*）。

1915 年

西格蒙德·弗洛伊德（Sigmund Freud）宣称潜意识是人类行为的源头。

1924 年

脑电图（EEG）发明，它可以实时测量大脑的电波活动，从而打开了一扇观察心智的窗户。

1950 年

阿兰·图灵（Alan Turing）发明了图灵测试，作为衡量机器有无意识的标准。

1977 年

对人类的首次功能性核磁共振（MRI）扫描。这种方法后来彻底改变了对活体大脑的研究。

1985 年

经颅磁刺激的发明，这种技术可以暂时“敲除”特定大脑区域，以探究它们的功能。

1991 年

丹尼尔·丹尼特出版了《意识的解释》（*Consciousness Explained*），陈述了他的唯物主义意识理论。

1995 年

大卫·查尔默斯指出了理解意识这一“难问题”。

至于自我栖居在何处这个问题，回答起来并不容易。但有一些诱人的线索：某些特定种类的神经元非常适合用来进行基于有意识的自我的急速整合（见前文“意识联结”一节），但这些想法仍是推测性的，总体而言，将“自我”与大脑的任何单独部位联系起来都像是一项吃力不讨好的任务。

此外，自我还在不断变化。每次我们回忆起自己过去的某个片段，我们对细节的记忆都会稍有不同，从而改变我们的个人历史，而个人历史是自我存在之体验的一个关键方面。今日的自我也许感觉十分牢靠，但其实它建立在流沙之上。

总而言之，关于大脑和身体如何产生我们每个人都拥有的意识的“内在宇宙”，仍然存在很多谜团。

主观体验的生物学基础仍然是下一代科学家面临的最大谜团之一。这一知识不仅可以帮助我们理解作为人类的本质，还可以为探明心理障碍的性质以及如何解决这些问题提供新的思路。而且或许最直接的是，它将为那些遭受严重意识障碍的人提供救命稻草。

光是在英国，就有成千上万的人处于昏迷、植物人状态，或者只有最低程度的意识。对大脑意识基础之理解的最新进展不但让我们更容易了解患者何时可能拥有转瞬即逝的意识体验，而且还为我们开辟了和他们交流的可能性。如果有一件事让人的生活有价值，那便是交流意识体验和令自己被理解的能力。

3

这是什么意思呢？

虽然可以通过观察大脑理解意识的某些特征，但更广泛的哲学问题需要采用不同的方法。在面向更理论化的领域，如量子物理学和哲学时，我们正在寻找其他方法来框定重大问题。

为什么会进化出意识感觉

有人认为意识可以理解，有人认为意识无法理解，在这场正在进行的争论中，有一点是所有人都赞同的：意识是美妙的。我们非常了解火苗的炙热和红艳、柠檬的刺激酸味，以及恋人手掌的爱抚。这些有意识的感觉是我们存在的核心，没有它们，我们将成为生活在更可悲的世界中的更无趣生物。要是让我们自己选的话，没有一个人会情愿成为一具“僵尸”。

我们一致同意的另一点是，意识目前尚未得到解释。问题不在于我们根本不了解意识。它的某些方面相对容易使用科学术语解释，正如我们在第 2 章读到的那样。

然而，所有这些基于大脑理解我们意识体验的方法都存在一个共同的问题。它们忽略了我们大多数人感到非常困惑又令人着迷的一件事：意识状态下产生的“像什么一样”的古怪感觉，即“感受质”。它们也无法解释为什么我们非得体验这种定性维度不可，这对于生物学生存会有什么价值？

感受质有什么意义？

有人辩称，感受质并不是“为了”任何东西，也就是说它们并不在大脑中执行特定任务。当然，并非所有精神状态都有特殊的附加性质。例如，并不存在某种特别的感觉与认为今天是星期四的想法有所联系。相信马上就要下雨或者记得自己将帽子放在哪儿，这些感受不像任何东西。但是如果感受质不是更高级认知思维的必要特征，那它们为什么会存在呢？

一条线索是，意识的“像什么一样”的性质只在更动物性的水平上才会体现，它主要与，或许只与我们的身体感受体验相连。蜜蜂蜇刺引起的疼痛、凤尾鱼的咸味、天空的蓝色外观——如果没有这种神秘的额外维度，它们不可能是我们以为的那种状态。

这些体验所带来的令人费解的性质，已经导致几代科学家完全回避了这个问题。正如认知科学家和哲学家杰里·福多尔（Jerry Fodor）在 1998 年所说："毫无疑问，这是终极的形而上学之谜；别指望会有任何人解决它。"然而最近几年，好像确实正在形成一项共识，至少是在如何确定这个问题的边界。大多数理论家如今承认，只有两个选项值得认真考虑。对于感受质，我们可以是实在论者——它们是真实存在的，但我们尚未掌握描述它们的物理学（见"意识是第四种物质状态吗？"），否则我们就是幻觉论者——也就是说，虽然它们感觉是真实的，但这是心智的一种把戏、一种假象。

无论我们是实在论者还是幻觉论者，感受质都需要得到解释。毕竟，有时候我们的意识体验中几乎没有其他东西。将感受质排除在外的意识科学不只是在忽略房间里的大象，而是在忽略本身就是房间的大象。

即使没有新的物理法则，也可能存在这样一种方法，它可以通过重新审视感觉是如何进化的，由此描绘大象的特征。

进化中的内在世界

首先，想象一种非常古老且原始的生物漂浮在海水中，对刺激做出本能的蠕动反应表达接受或拒绝。这些反应已经通过进化历程得到磨炼，并且意义重大，因为它们包含多种信息，例如抵达身体的是哪种类型的刺激、受到影响的是身体的哪个部位，以及这种刺激对生物学健康状态产生的影响。不过起初，并不存在某个"自我"来进一步思考这些信息。

不久之后，大脑中出现了一个特殊的模块——一种原始的自我，该模块的任务是从驱动蠕动反应的运动指令中提取意义。这仅仅是感觉的开始，但在这个阶段，对于刺激的判读还不存在任何高级或者不可思议的东西，而且并没有特别的感觉与之相连。

随着该原始生物的后代变得越来越复杂，这些明显的反应可能显得不太便利——如果蠕动令你将自己的位置暴露给捕食者，你大概不想总是做出同样的反应。于是这种生物面临着一个问题：如何在失去身体反应的同时保留关于刺激的意义的信息？

解决方案是令反应内在化，从而使运动信号不再抵达实际的身体表面，而是转移回人体地图，在这里，感觉器官首先投射到大脑。这将原本的反应从实际的身体表达改变为虚拟表达——但它仍然是这种动物可用作信息的反应。

这种改变产生了显著的连锁反应，并在大脑的运动和感觉区域之间建立起一个反馈回路，这个回路能够不断循环，去抓自己的尾巴。这意味着这种活动可以即时进行，以创造感官体验的“浓密时刻”。活动稳定下来，以创造出数学家们所说的“吸引子”状态，在这种状态下，当导致该活动的刺激停止后，该活动仍继续回荡在该反馈回路中。

当我们看着蓝天或者闻到玫瑰时，我们的体验会不会就是这些神经回响呢？感受质体验是否始于感官，然后自行发展起来，成了一种在体验着它们的人看来非常真实但其实并不真实的状态？

这一理论最近得到了支持。在多个实验中，根据监控，“观看”这一意识体验似乎依赖于初级感觉皮质（primary sensory cortex）与大脑更靠前区域之间的循环活动。当视觉皮质（visual cortex）受到刺激时，人就会产生视觉感受。但是如果你在从大脑前额区域返回的路径上阻止反馈回路中的活动，人们就不会有意识地看到任何东西。

所以，这为进化出了什么的问题提供了答案。我们是否能更进一步，回答它为什么进化出来？这些幻觉栩栩如生，到底有什么进化意义呢？

有人会争辩说，感受质对认知没有任何贡献，对生物学生存水平没有任何影响，即便没有意识，他们也能将我们的意识心智能够做到的任何事情做得同样好。

这当然暗示着感受质不是由达尔文式的自然选择进化出来的。然而这种想法或许错过了重点。也许，感受质的作用不是让我们在外部获得认知优势，例如更聪明或者更有效率，而是在内部放大我们的感官体验？换句话说，它们的存在不只是为了让我们活命，而是让生命值得活？是否存在这样一种可能，当自然发明感受质时，它是为了让我们惊叹不已，好让我们努力活下去，延续这种惊叹？

至于这些体验如何变得比其他体验感觉更丰富且更“真实”，可能是因为它们以某种全息图的形式出现在心智的眼中：一张二维图像，然而却给人三维物体的印象。这个想法将我们带入弦理论（string theory）的领域，在这个领域中，全息原理描述了显然丢失在黑洞中的信息所发生的情况。它指出二维表面可以包含构建三维世界所需的全部信息。类似的是，也许意识感受质的四维世界可能是从三维大脑的表面产生的一种幻觉？

为什么只有一个自我？

无论我们对世界的意识感受多么美妙，都无法解释意识的另一个奥秘。为什么我们的体验恰好只有一个自我，而不是多个？在任意某个时刻，我们都可能在体验从背部疼痛到回忆母亲脸庞的各种精神状态，但毫无疑问的是，体验所有这些精神状态的都是同一个“我”。

我们可能会觉得显而易见必然如此。但似乎完全可以想象你的大脑能够储存几个独立的你，每个你代表着心智的不同部分。实际上，这种碎片化状态很可能就是我们刚出生时的样子。在生命的头几个月，婴儿的体验可能包括一个扭动脚趾的“我”、另一个看见东西的“我”、另一个感觉饥饿的我，等等。一开始，他们之间没有相互作用，但是随着婴儿开始与外部世界互动，这些分开的体验开始融合成一个单独的自我。

这种多个自我的结合并不一定需要基因进行预先编程。相反，它可能是在身体内各个系统的互相作用中自动诞生的。很久以前，人们就知道类似情况会在非生命物体中发生。

在 17 世纪，摆钟的发明者克里斯蒂安·惠更斯（Christiaan Huygens）观察到，当他发明的两个或更多摆钟悬挂在同一根横梁上时，它们的钟摆会自发开始同步摆动。在一场距今更近的演示中，共有一组 5 个节拍器放在一张飘浮的桌子上，而它们的节拍也迅速趋同起来。之所以会发生这种现象，是因为它们通过桌面互相作用，每个节拍器都感受到了其他节拍器的拉力。也许新生儿心智的各个独立部分通过一具身体互相作用，也以某种方式感受到了其他部分的拉力。

这种“单一性”为任何有幸体验它的生物带来了新的优势。它创造出一个涵盖心智的交流空间，认知科学家和人工智能先驱马文·明斯基（Marvin Minsky）将其称为“心智社会”。一旦来自不同模块的信息来到同一桌面上，就会创造出一个有用的精神空间，以便制订计划和做出决策，并由一个被我们称为“我”的机载自动驾驶仪监控。

对于这台“自动驾驶仪”的工作方式，我们可以认为它类似于帮助飞机翱翔天际以及正在为控制无人驾驶汽车进行开发的自动化仪器。飞机的驾驶舱拥有一系列监测内外状态的独立设备：速度、海拔、燃料储备、全球位置、预定航线等。驾驶仪的任务是整合所有这些信息，以决定做什么才能达成特定目标：观察，然后思考，然后行动。驾驶仪本身不需要有意识：现代自动驾驶技术已经完全能够做到整合不同信息来源以便从 *A* 点安全抵达 *B* 点，与此同时记录黑匣子记录仪中的重要信息。

工程师们正在研究能够预测道路上其他汽车运动状况的无人驾驶汽车。既然这样的系统可以编入机器，那么大脑也能做到这一点就不那么令人惊奇了。一些先进的意识理论解释了大脑是如何实现这一点的，特别是全局神经元工作空间理论和朱利奥·托诺尼的整合信息模型。克里斯托弗·科赫和弗朗西斯·克里克（Francis Crick）已将名为屏状核的大脑结构鉴定为主导这一过程的关键区域（见第 2 章）。

只拥有一个监控全局的“我”，这种设定的一个重要附加好处是，它让你可以理解并仔细思考自己的体验。这支持了意识的另一项重要功能，即意识到自己的心智如何运作。通过观察到信念和欲望如何产生导致行动的欲望，心智似乎拥有清晰的结构。你开始了解你为什么要按照自己的方式行事。这意味着你不但可以向他人解释自己，而且——同样重要的是——它提供了一个向你自己解释他人的模型（见“与你无关”）。通过这种方式，意识为心理学家所称的心智理论（theory of mind）奠定了基础：认识到并理解其他人拥有他们自己的看法。

将下面这两件事融为一体：统一的自我和从内部产生的体验感受质，你得到了什么？一个有意识的自我，意识到自己的内在世界多么令人惊叹。它甚至可以创造自己周围的世界（见“意识是否创造了现实？”），一切都始于感受质，它们是作为人类社会基础的连接性的重要来源，将它们拿走，一切都会开始分崩离析。

与你无关

虽然我们的意识体验对我们而言极为私人化，但是卡迪夫大学的彼得·哈利根（Peter Halligan）以及伦敦大学学院的大卫·奥克利（David Oakley）两位心理学家提出，它的存在是为了保护更广泛的社会群体，而不只是个人。

他们相信，意识的出现与大脑信息处理中的其他发展一起出现并共同发挥作用，有利于和其他人交流我们的内部思想。

为了做到这一点，有必要产生一种个人化的自我构造，并为其赋予知觉和自主感等基本认知能力，并创造它对世界的内部感知。按照这种观点，带来进化优势的是我们告诉他人我们意识之内容的能力——而不是意识体验本身。

为什么这种能力应该具有优势呢？嗯，它让你可以通过无意识驱动的系统与他人共享你意识中的选定内容，包括信念、偏见、感受和决定。而这让适应性策略，如预测他人的行为成为可能，这些适应性策略对物种生存是有益的。

对无意识地产生、有意识地体验的自我叙事的这种共享，还令个人的精神内容有可能被外部影响，如教育和其他形式的社会化过程改变。这对规范和价值相关理念的传播非常重要。实际上，哈利根和奥克利辩称，如果不是我们对自我觉察的强烈感觉，人类社会依赖的任何社会系统都不可能存在。

意识满足的是社会群体而非个人的需要，这种新的理解让我们可以不再将自己视为个人，而是群体的一部分，我们的利益和人格是与他人共享的。正如德国哲学家弗里德里希·尼采所说：“意识其实只是人类之间的一张交流网络……意识其实并不属于一个人的个人化存在，而是属于他的社会或群体性质。”因此，意识可以通过共享交流并扩展每一个个体对世界的理解来提供强大的进化优势。

意识是否创造了现实？

对我们而言，我们意识到的现实当然感觉很真实，但现实的东西是否可能是由意识创造出来的呢？一些物理学家对此表示赞同。

在量子力学中，一个粒子（如电子或光子）能够以“叠加态”的形式存在，即同时拥有多种状态。然而只要做出任何观察粒子处于何种状态的尝试，我们都只会看到一种状态。

这种现象的原因和过程是量子力学的关键问题，并且启发了许多不同的解释。最流行的是哥本哈根学派的解释，他们说所有一切都不真实，直到被观察或者测量。

然而，对于到底由什么构成一次观察，哥本哈根学派却什么也没有说。约翰·冯·诺伊曼（John von Neumann）打破了沉默，提出观察是意识心智的行动。量子力学的创始人马克斯 · 普朗克（Max Planck）也提出了同样的想法，他在1931 年说道：“我认为意识是最基本的。我认为物质是意识的衍生物。”

这一论断所基于的观点是，关于意识尤其是人类的意识，存在某种特别之处。通过某种方式，意识心智能够选定一种量子可能性，令其成为真实——至少对于相应心智而言。

加利福尼亚州劳伦斯伯克利国家实验室的亨利 · 斯塔普（Henry Stapp）是为数不多的支持这一观点的物理学家之一。他说我们是“参与其中的观察者”，而我们的心智导致了叠加态的坍塌。斯塔普说，在人类意识出现之前，存在多重潜在宇宙。在这些潜在宇宙之一，也就是我们的宇宙，意识心智的出现赋予了它一个特别的状态：现实。

这种解释有很多反对者。一个问题是，许多相关现象尚未得到充分理解。包括剑桥大学物理哲学家马修·唐纳德（Matthew Donald）在内的许多哲学家反驳称，我们甚至不知道意识是否存在，所以将它视为现实的先决条件只会增加我们的困惑。

唐纳德偏向一种似乎更加古怪的解释：“多重心智”。量子理论的“多重世界”解释认为，量子决策的每一种结果都发生在不同的宇宙中，与之相对，“多重心智”认为，观察量子系统的某一个体同时看到全部多个状态，但每种状态出现在不同的心智中。

这些心智全都源自大脑的实体物质，并且共享同样的过去和未来，但是彼此之间无法就当下进行交流。

尽管听起来很难领会，但是为了理解意识在我们感知现实的过程中发挥的作用，这种方法以及其他方法正在受到越来越认真的对待。对意识的理解很可能会打开一块全新的哲学领域。

意识是第四种物质状态吗？

“固体、液体、气体、心智，这全都取决于原子如何排列。”物理学家马科斯·泰格马克如是说。

想象一下你这一生吃过的所有食物，然后思考这一点，你只不过是这些食物的一部分重新排列的结果。这表明你的意识并不简单地取决于你吃掉的原子，而是取决于这些原子排列出的复杂模式。

如果你还可以想象由不同类型的原子构成的意识实体（例如外星人或者未来的超智能机器人），那这就表明意识是一种“自发现象”，其复杂行为来自许多简单的相互作用。以类似的精神，几代物理学家和化学家研究了当你将大量原子聚集在一起时会发生什么，并发现它们的集体行为取决于它们的排列方式。例如，固体、液体和气体之间的关键差别不在于原子的类型，而在于它们的排列。将液体煮沸或冰冻只是重新排列了它的原子。

我的愿望是我们最终能够将意识理解为另一种物质状态。正如存在多种类型的液体一样，意识也有多种类型。然而，这不应妨碍我们鉴别、量化、建模和理解所有液态物质或所有意识形态物质共同的固有特性。以波浪为例，它们不受基质的约束，这表示它们可以发生在所有液体中，无论这些液体的原子组成是怎样的。和意识一样，波浪也是自发现象，因为它们会自我发展：波浪可以横穿湖面，而单独的水分子只是上下振荡，而且波浪的运动可以使用与波浪成分无关的数学方程式进行描述。

如果这些努力获得成功，不单在神经科学和心理学上具有重大意义，对基础物理学也同样意义非凡，在这一科学领域，我们许多最显著的问题反映了我们对如何处理意识的困惑。在基础物理学中寻找意识的基础，这个研究方向前景广阔。然而还有很多工作要做，并且关于我们能否成功仍无定论。

4 自由意志

当我们做出决策时——无论是决定扭动手指这样的简单决策还是思考是否结婚这样的复杂决策，我们都会认为自己是驾驶座上的主导者。所以这与我们对大脑的了解相符吗？更重要的是，意识在这个过程中起什么作用呢？

找到与自由意志毫无关联的行为非常容易。条件反射就是很好的例子，例如当你将自己的手抽离滚烫的物体时。你并未决定移动自己的手，在你的皮肤与滚烫物体接触这一刺激的触发下，它无论如何都会移动。大脑甚至不参与这个过程。然而，有很多其他种类的行动并没有明显的外部触发，似乎完全是自我产生的。我们可以选择行动，我们可以选择不行动，选择权完全在于我们。或者看似如此。然而，当你开始调查当我们决定做某件事时大脑中发生了什么的时候，事情就开始变得远远没有那么清晰了。

在研究自由意志时，科学家们使用了一种逆向工程方法，以行动本身为起点，然后寻找决策的最早迹象。早在100多年前，神经学家查尔斯·谢林顿（Charles Sherrington）的研究工作就已经让我们知道，我们的所有自愿身体运动全都来自大脑。每当我们决定运动身体的任何肌肉，都会有一组特定的大脑活动先于这种运动出现。例如，移动右手的唯一方法就是首先在大脑左半球运动皮质中产生活动。

我们可以使用脑电图技术测量大脑活动随时间的变化，这是一种非侵入性脑成像技术，通过贴在头皮上的电极记录通过大脑神经元的电信号的微弱变化。这让我们可以追踪决策做出之前、之中和之后的大脑活动。

1965年，神经生理学家汉斯·赫尔穆特·科恩休伯（Hans Helmut Kornhuber）和吕德·德克（Lüder Deecke）首次使用这种方法追踪了被试者的大脑活动，被试者被告知自己只要想做，就可以随时按下一枚按钮。这个实验显示，在运动发生之前大约1秒，大脑运动皮质中出现了强度增大的活动。他们将其称为“准备电位”，因为它似乎代表大脑正在准备按下按钮。

谁来决定?

这个实验提出了一个问题：这种准备电位是不是意识觉察的一部分。如果不是，那么是否意味着动作决策发生在我们知道自己要做出动作之前？如果是，那么是谁做出的这个决策呢？

要回答这个问题，我们需要知道做出意识决策的确切时间，并将其与准备电位的时间安排进行比较。致力于解决该问题的一次早期尝试来自本杰明·利贝特（Benjamin Libet）的研究工作，它后来成为自由意志相关研究的一项经典实验（见“利贝特实验”）。

利贝特实验

1983年，神经学家本杰明·利贝特进行了一项检测我们是否拥有自由意志的实验。志愿者面前摆放着一个钟面，上面有一个转动的点，他们被要求在看着钟面时自愿弯曲自己的手指。他们意识到自己产生了行动意图时，必须立刻记下正在转动的点的位置。在他们如此照做时，利贝特通过贴在头皮上的脑电图电极记录他们的大脑活动。

像科恩休伯和德克一样，他发现脑电波的电压尖峰“准备电位”开始于动作本身出现之前大约1秒钟。更重要的是，它还开始于志愿者意识到自己的动作意图之前350毫秒（见下图）。

对于自己的研究结果，利贝特认为，这表明自由意志是一种假象。但我们并非完全是自身神经元的奴隶，他推断道，因为在我们对自身意图的意识觉察与开始做动作之间存在200毫秒的时间差。利贝特说这个时间差足以让我们有意识地否决行动，或者说行使我们“不行动的自由意志”。

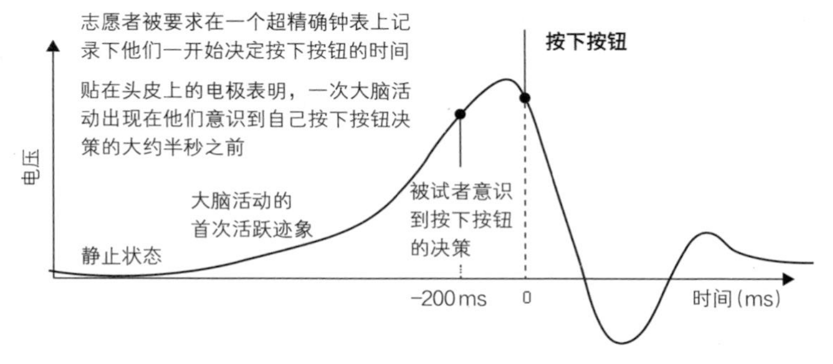

图 4.1　谁是主导者？一个似乎挑战了自由意志观念的实验

虽然利贝特的解释至今仍有争议，但这并没有阻止科学家们改动并实施他的实验。这些后续研究表明，与正常人相比，抽动秽语综合征患者（表现出不受控制的抽搐行为）的否决时间窗口更短，精神分裂症患者以及在冲动性标准化度量中获得高分的健康人也是如此。

关于利贝特的研究结果，令人吃惊的部分是似乎存在这样一段时间，大脑已经在准备做某件事了，而你对自己将要做这件事还一无所知。这似乎强烈违反了我们的日常观念，即我们——我们意识中的自我——决定自己要做什么以及什么时候做。

为了理解这一点，一些心理学家提出了对自愿行动的不同观点，他们认为是无意识的大脑活动导致了身体的运动，但是随后，因为你从自己身体的运动中获得了感官反馈，所以你可以在事后将自己的意志插回意识流中。以这种观点来看，我们对自由意志的感觉以及我们在行动之前对自己的行动有控制权的感觉都是纯粹的假象。与我们的意识体验如此相似，自由意志只是一种假象。

如果我们没有自由意志呢?

我们的道德观念基于一种看似无懈可击的基本假设：我们是自己命运的主人。但是如果神经科学不这么认为呢?

道德松懈可能是一种后果。实验表明，如果人们事先被说服自由意志在很大程度上是一种假象，那么他们的行为就会更自私、更不诚实。他们还会更仁慈地对待不法行为者，给某个假想中的罪犯判决比原本更短的刑期。毕竟你很难去责怪一台自动装置。不过这些行为变化只会持续到我们强大的自主感重新恢复的时候。

另一个层面，在面临某人做出不道德行为的情景时，对自由意志的信念会加强。耶鲁大学的约书亚·诺比（Joshua Knobe）和他的同事们提出，我们对自由意志的坚定信念与一种最基本的欲望捆绑在一起，那就是让他人对他们的有害行为负责。换句话说，我们需要自由意志，是为了正当化惩罚措施。而且有证据表明，对惩罚的恐惧正是令社会免于崩溃的东西。

如果没有自由意志，我们就会拒绝对犯罪的惩罚吗？一项研究表明，可能不会。位于亚特兰大的佐治亚州立大学的实验哲学家埃迪·纳米亚斯（Eddy Nahmias）对 278 名志愿者讲述了一个发生在假想未来中的故事，此时神经成像技术已经能够基于一个人的大脑活动完美预测人类的决定。在这个未来世界中，一个名叫吉尔（Jill）的女人戴着一项让科学家可以预测她将要做的一切事情的头盔，准确率达到 100%。然而仍然有 92% 的志愿者认为吉尔投票给谁的决策是基于她本人的自由意志。而在该故事的另一个版本中，科学家不只是预测吉尔如何投票，他们还通过头盔操纵她的选择。在这种情况下，大多数人都说吉尔不是基于自己的自由意志投票的。

即便神经科学可以向我们指出我们并非自身心智的操纵者，但是我们对自己自由意志的信念似乎仍然很难撼动。这大概是一件好事。对自主感的强烈信念意味着更高的满意度和自我效能感，愿意对人际关系付出更大的承诺，以及感觉生活更有意义。

或许，从实用性的角度看，失去自由意志的影响也许比我们担忧的要小。也许我们最后发现自己没有选择的能力，但我们仍然会像我们有选择一样行事。

自由意志是一种假象，如果这一想法令人不安，倒是存在一些相反的证据。这些证据来自接受癫痫手术的患者，他们的大脑在实验过程中被插入了电极。

在实施手术时，神经外科医生的目标是找出癫痫源头而不损伤相邻区域。为了逐渐定位出正确的部位，外科医生在患者大脑上插入了电极网格，然后就可以刺激这些电极，以识别不同大脑区域的功能。至关重要的是，患者在这个过程中是清醒的并且完全有意识，这意味着医生可以刺激大脑的特定部位，而患者可以告诉你他们正在体验到什么。

在这种类型的实验中，神经学家伊扎克·弗里德（Itzhak Fried）刺激了名为运动辅助区（supplementary motor area）的大脑部位，该区域促成人体的身体运动。他发现，当受到低强度刺激时，患者报告称自己有一种移动被相应大脑区域控制的肢体的冲动，但肢体并没有真的动起来。然而以更高的强度刺激同一区域，肢体就真的移动了。这说明，无论造成运动冲动的原因是什么，它都是令运动实际发生的相同路径的一部分。

这一切对自由意志意味着什么？一种解释是，我们的冲动和意图绝不是心智的把戏，实际上它们是源自大脑中电活动的真实精神状态。现在的问题是，这种“准备行动”是否代表自由意志，或者它其实是完全不一样的东西？

2012 年，整个准备电位研究领域遭到重大挑战，当时任职于法国萨克雷国家卫生和医疗研究所的亚伦·舒格质疑了被广泛接受的观点，即准备电位是大脑计划并准备身体运动的标志。

此前的研究已经表明，当志愿者被允许决定是否按下按钮时，无论他们做出怎样的决策，准备电位都是存在的。

舒格对此的解释是，准备电位根本不是一种特定的大脑活动，而是随时都在大脑中四处跳动的那种随机噪声的结果。例如，当我们必须基于视觉输入做出决策时，成群神经元就会开始积累视觉证据，以支持各种可能的结果。当支持某一特定结果的证据强大到足以使相关神经元聚集超过阈值时，就会触发决策。

舒格猜测，在利贝特实验中，大脑也发生了类似的事情。为了一探究竟，他们重复了利贝特的实验，但是进行了改动，在等待自发行动的过程中，如果志愿者听到一声“咔嗒”声,他们必须立即行动。研究人员的预测是,对“咔嗒”声的最迅速的反应将出现在神经噪声的积累已经接近阈值的志愿者身上——而这种接近阈值的积累将在他们的脑电图上显示为准备电位。这正是该团队发现的现象：对于那些对“咔嗒”声反应较慢的志愿者，他们的脑电图记录中没有出现准备电位。

所以，虽然利贝特声称准备电位是自由意志之外的某个无意识决策的迹象，但是舒格的工作表明，它只是大脑在朝着不确定方向嘀嗒作响。

舒格的初步研究后，进一步的研究表明，在有意做出的选择（出于我们的自由意志）和被告知要做某件事的结果之间，大脑存在可测量的差异。

因此，也许我们的自愿行动并不是像沸腾汤羹中的气泡那样随机冒出来的。我们的确拥有自己的意志，而且我们可以在大脑中看到它。然而，由于在那个阶段它还不是意识的一部分，所以我们是否能对自己的行为负责仍有可讨论的空间。

自主感

自由意志在哲学和神经科学领域都受到如此激烈的争论，原因在于我们都觉得自己拥有自由意志。当发生在周围环境中的某件事情是被我们自己的行为触发的时候，我们清楚地知道这一点。这种确信是如何在大脑中发生的？

自主感是一种很难使用科学方法研究的东西，因为我们永远不可能记得没有它的时候。在婴儿时期，我们知道当我们用玩具敲击地板时，就会发出声响，并且学会将一系列由“我”引发的事件汇总在一起。这种感觉将我们牢牢包裹进自我意识中。

大脑产生控制体验的一种方式是调整我们对自己的行为及其结果的感知时间。在一组实验中，参与者被要求按下一个按钮，这将导致一个音调在250毫秒后出现。他们使用一根旋转的时钟指针报告自己按下按钮或者听到音调的时间，就像在利贝特实验中一样（见上文“利贝特实验”）。与按下按钮之后不产生音调的对照组相比，他们对导致音调出现的动作的感知更晚。也就是说，心智压缩了行为和结果之间的时间间隔，强调了它们之间的联系。如果将自愿按下按钮替换成非自愿动作，例如由直接刺激大脑引起的动作，这种压缩效应就会消失，取而代之的是一种排斥效应，仿佛大脑正在试图及时分开非自愿动作和后来的音调。

至于我们的自主感在大脑中的源头，两个似乎特别重要的区域是位于顶叶皮质区的前脑岛（anterior insula）和角形脑回（angular gyrus）。

在一项功能性核磁共振研究中，配有操纵杆的志愿者在一面计算机屏幕上移动图片。当志愿者感觉是自己导致了图片的移动，大脑的前脑岛就会被激活；而当志愿者认为是实验人员移动了图片时，他们的顶叶右下部皮质区（right inferior parietal cortex）就会点亮。

有趣的是，其他研究人员通过不同的实验，发现大片的大脑区域似乎与自主感密切相关。

关于自由意志的真相，还有很多东西有待发现，而且很多我们确信的东西还存在讨论的空间。不过，神经学家们现在一致同意的是，当我们做出自愿的行动时，不是因为某种超物质的鬼魅作祟，也不是因为存在某种独立于大脑的心智。

相反，这是大脑过程的结果，只是这些大脑过程伴随着意识体验，就像视觉感知是大脑视觉区域活动的产物一样。这些特定的大脑过程赋予我们控制感，我们主导着自己的身体和生活的感觉。

如果不是这样，如果不存在这种你控制着自己的行为并通过它们控制外部世界的感觉，那就不会有技术、不会有道德观，而且人类社会很可能也不会存在。

关于自由意志的传统哲学问题是一个关于我们的行为从何而来的问题。对自主感的思考反转了这个问题。比我们的行为从何而来更重要的，或许是理解和表示其结果为何的能力。如果你已经了解到自己行为的后果，你至少可以开始学习环境中能够告诉你该后果积极与否的信号，并由此判断你是否应该再次做出这种行为。

输送我们自由意志的植入体?

想象这样一个世界，当你想到什么事情，它就会发生。例如，当你意识到自己想喝一杯茶时，茶壶里的水就开始沸腾了。

这即将成为现实，现在人们已经开发出了一种可以解码人的意图的大脑植入体。它已经成功地让一位颈部高位截瘫患者以前所未有的流畅控制一条机械手臂。

但这背后的意义大大超出了修复学的范畴。通过在负责产生意图的大脑区域放置植入体，科学家们正在研究大脑活动能否泄露未来的决策——甚至是在一个人尚未意识到自己将要做出这些决策之前。这样的结果甚至可能改变我们对自由意志的理解。

这个植入体是帕萨迪纳市加州理工学院的理查德·安德森（Richard Andersen）为埃里克·索托（Erik Sorto）设计的，索托因为在十多年前脊髓受伤而无法移动四肢。植入手术的目的是通过记录他后顶叶皮质（在计划运动时用到的大脑部位）的活动，帮助他驱动一条独立的机械手臂。

植入在索托后顶叶皮质中的两枚微小电极可以记录数百个单个神经元的活动。经过一定的训练，计算机可以将神经元的活动模式与索托想要做的动作匹配起来。搜集到神经元信息之后，一台计算机就会将索托的意图转译成机械手臂的动作。这让他能够控制手臂的速度和轨迹，继而他能和别人握手、猜拳，以及按照自己的节奏畅饮啤酒。

这一突破带来了通过破解来自大脑活动的意图，进而控制我们周围环境的诱人可能性。例如，我们能否识别出与想要观看一场电影相关的大脑活动模式，然后打开电视上的相应开关呢？

为了调查这种可行性，安德森的团队让一个拥有和索托类似植入体的志愿者面对类似囚徒困境的情境，参与囚徒困境的人可以选择彼此合作或者出卖对方。研究团队可以根据植入体记录的神经元活动预测该志愿者的决策。这表明我们实际上可以从后顶叶皮质解码更抽象的决策，例如在潜意识里告发某个假想搭档的意图。

他相信，瘫痪患者最终能够在大脑中想象自己制作一杯咖啡，并令一个类人机器人自动执行动作。他希望有一天可以使用非侵入性技术实现这种方法，例如使用脑电图头戴式设备记录大脑活动，而不必非得在大脑中嵌入电极。

5

意识障碍

现在看来，意识的奇观应该已经很清楚了。但可悲的事实是，凡是能够正常运转的事，也都能出问题。科学研究正在提供关于意识障碍的新见解，这可能有助于治疗某些最令人困扰的心理障碍。

我们的意识体验是如此复杂，以至于存在许多种形式的意识障碍。在某些情况下，意识障碍问题体现在意识水平或意识状态的改变。这种改变可表现在睡眠障碍中——睡眠和清醒之间的状态变得模糊，或者表现在更严重的状况下——大脑损伤后丧失对意识的所有控制。在另外一些情况下，意识障碍是由于意识内容的组织出了问题，这些内容包括我们的觉察、体验或记忆。有时候，问题出在将这些感觉和记忆绑定到统一的自我身心意识中。

理解每种情况下到底是什么出了问题，不仅可以帮助我们更好地了解意识，还可以帮助我们摆脱谁也不愿意选择的意识状态。

意识水平障碍

虽然很难从外部确定其他人的意识内容，但我们通常认为我们可以对他人的意识状态做出合理可靠的判断：只需简单地区分是否“有人在家”。在医学上，医生们使用格拉斯哥昏迷量表（Glasgow Coma Scale）量化意识，以确

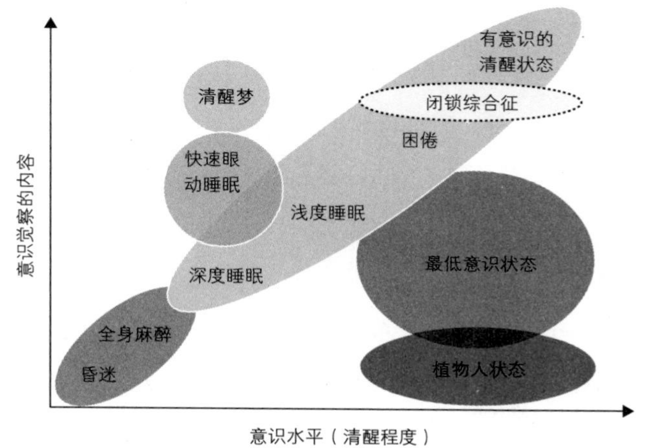

图 5.1　意识的许多不同水平

定患者能够达到的反应程度。

我们可以将意识状态和主要意识障碍投射到一张图上，这张图纳入了两个维度：清醒程度的行为迹象的存在或缺失，以及觉察的存在或缺失。

睡眠障碍

最著名而且最令人着迷的睡眠障碍或许是发作性睡眠四联症（narcolepsy），这种病症在19世纪末由法国医生让－巴普蒂斯特－爱德华·吉利诺（Jean-Baptiste-Édouard Gélineau）首次描述。发作性睡眠四联症是一种清醒障碍，有两大标志性症状。第一个是白天过度嗜睡，导致不受控制的小睡出现在最意想不到的时刻（进餐、考试、对话，甚至是性生活中）。第二个是猝倒（cataplexy），这种状态最常由大笑引发，然后患者会失去肌张力，身体突然倒下。其他症状包括睡眠瘫痪（sleep paralysis）和临睡幻觉（hypnogogic hallucinations），前者是醒来后意识到自己无法移动身体的令人苦恼的体验，后者是刚刚入睡时出现的如同梦境般的逼真景象。

造成这一系列奇怪症状的原因似乎是缺乏一种名为下视丘分泌素（hypocretin）的神经递质，而它直到1998年才被发现。这种化学物质产生于大脑中央的小型结构下丘脑（hypothalamus），然后被发送到调节睡眠–清醒周期的神经元簇。缺少下视丘分泌素会让大脑处于不稳定的意识状态，在睡眠和清醒之间不受控制地迅速转换。此外，在发作性睡眠四联症患者中，“快速眼动睡眠”——产生大部分梦境的睡眠状态——会全天毫无预兆地突然出现。在快速眼动睡眠中，身体通常处于瘫痪状态，以防我们因为梦境做出动作。猝倒症就是快速眼动睡眠突然侵入清醒状态下产生的瘫痪，而睡眠瘫痪是快速眼动睡眠瘫痪进入清醒之后的延续。

其他几种睡眠障碍可以理解为三种基本意识状态之间的异常重叠，它们是清醒、快速眼动睡眠和非快速眼动睡眠（关于睡眠的更多内容，见第8章）。

意识丧失

其他意识水平障碍可以完全剥夺一个人的人类体验。

昏迷（coma）是一种同时影响清醒和觉察的障碍。昏迷状态下的人没有睡眠－清醒周期，不表现出自我觉察和觉察周围环境的迹象，而且除了反射动作之外不会移动身体。昏迷可能是由影响大脑两个半球的弥散性问题（例如创伤性脑损伤）引起的，也可能是位于上脑干和丘脑的大脑中央激活系统的一部分受到局部损伤引起的。

植物人状态是昏迷的一种后果。这是一种“清醒但无觉察”的状态，睡眠－清醒周期已经恢复，但是观察不到心智功能正常的证据。对于亲朋挚爱，植物人状态会显得可怕而怪异，因为这种状态下的人仍然可以做出一定程度的反应，例如对声音做出反应而突然扭头。

他们还可能做出与周围发生的事情无关的情感流露。然而，真正处于植物人状态的人，大脑的新陈代谢速率大大降低，低到了全身麻醉状态下的水平，而且关键皮质区的活动水平也非常低。总而言之，确实是“没有人在家”。

从昏迷或植物人状态恢复，通常涉及一个处于“最低意识状态”的阶段，这个阶段的人拥有可重现但不持续的觉察迹象。如果没有仔细监测，可能很难辨别这种状态（见本章下文“让我知道你在那儿：最低意识状态的道德困境”）。

刺激最低意识状态下的大脑

2016 年年底发生了一件令人震惊的事情。通过超声波刺激大脑，一位陷入最低意识状态的男子被唤醒了。

这位 25 岁的男子在一场道路交通事故中遭受了严重的大脑损伤，对外部世界只有稍纵即逝的觉察，后来恢复到能够回答问题并可以尝试走路的程度。

他是全世界首个接受洛杉矶加利福尼亚州大学马丁·蒙蒂（Martin Monti）实验治疗的人，这种疗法使用超声波脉冲刺激大脑深处的丘脑。蒙蒂和他的团队一直在寻找方法帮助大脑损伤造成意识障碍的患者。对于这些患者，有效的治疗手段目前寥寥无几。在最低意识状态下，一个人会表现出波动的觉察迹象，但是无法交流。

动物实验表明，刺激丘脑可能有助于促进唤醒。丘脑是位于大脑中心的一个枢纽，在许多其他区域之间起传递作用。例如，处于麻醉状态下的大鼠在丘脑受到刺激后会苏醒得更快。2007 年，一位身处最低意识状态已经 6 年的 38 岁男子在他大脑深处的丘脑接受刺激后，表现出了一些恢复迹象，但这涉及植入他大脑的电极，这种操作有损伤其他区域的风险。

蒙蒂的团队决定尝试使用低强度超声波，这样可以安全地调节大脑深处的组织而不伤害周围区域。

他们对一位处于最低意识状态将近 3 周的患者使用了这种技术。蒙蒂将一个超声波转换器放置在患者的太阳穴上，而太阳穴的正下方 7 厘米处就是丘脑所在的位置。然后他们对这名男子的丘脑进行了 10 分钟的刺激，30 秒的超声波和 30 秒的休息交替进行。

第二天早上，患者开始对提问发出声音和做出手势，这些回应行为是他在接受治疗之前不曾出现的。在接下来的 3 天里，这名男子开始通过点头或摇头回答问题。他甚至和蒙蒂做了拳头碰拳头的动作。一周后，患者尝试走路。

这当然令人兴奋，但是由于这种疗法只对一位患者使用过，所以现在就断言说这是治疗的效果还为时过早。患者很年轻，这意味着无论是否提供外界帮助，他的大脑都有可能恢复。

该团队现在希望对其他 10～15 名意识障碍患者进行测试，并在健康人群中开展实验，以观察刺激和抑制正常丘脑的效果。

目前尚不清楚这种疗法的作用机制，到底是因为丘脑决定着意识觉察基本方面的重要基础，还是因为它有助于患者产生能够表明他们对周围世界有所觉察的行为。进一步的研究可能会解开这个谜。

闭锁

对许多人而言，最可怕的意识障碍是闭锁状态（locked–in state），处于这种状态下的人拥有完全的意识，但是无法将这种觉察传达给外界。严格地说，这并不是一种意识障碍，因为受害者的觉察度很高，但是从外部观察，它很难与昏迷区分。它通常发生在脑干中风导致肢体和喉头不受正常控制的时候：在这种情况下，诊断线索是患者通常可以通过用眼睛向上或向下看，或者睁眼和闭眼进行交流，因为这些功能的控制不受中风影响。然而在瘫痪性药物的作用下，原则上患者有可能完全瘫痪但仍保持充分的觉察。

幸运的是，现在有一些方法可以在人们无法自行报告时窥探大脑内部以测量出觉察和清醒水平。大约 10 年前，现任职于加拿大韦士敦大学的英国神经学家阿德里安·欧文（Adrian Owen）发现，健康人在被要求想象自己打网球时，会产生一种特别的大脑激活模式，而且与被要求想象在自己房子周围走动时的激活模式不同。在一个拥有大约 20 名看似是植物人的实验组中，欧文发现一名患者表现出了和健康志愿者相同的激活模式，并断定她一定有觉察能力。实际上，她在数周之后就表现出了觉察迹象。

此后的研究发现，在看似处于植物人状态的人当中，有 10～20 个人在接受这种测试之后表现出了相应的激活模式，这说明植物人状态很容易被误诊。

另一种测量方法是在第 2 章介绍过的扰动复杂性指数。扰动复杂性指数在睡眠中、麻醉状态和植物人状态下降低，在最低意识状态下增高，并在闭锁状态下表现为正常值。使用这些技术可以更容易辨别不同种类的意识障碍并对患者进行相应治疗。

意识内容障碍

如果说其他人的意识水平难以把握的话，那么了解其他人内心体验的内容就更有难度了。部分原因在于很难对其他人思想中发生的事情进行客观测量，另一个原因是我们体验的内容在不断变化——例如，从此刻到我们对过去的记忆，再到我们对未来的计划。

不过，我们可以肯定的是，大脑的感觉和记忆装置出现问题会直接影响到特定种类的意识内容。

例如，在一种名为偏色盲（hemichromatopsia）的罕见情形中，患者眼前的世界有一半看上去是黑白的。之所以发生这种情况，是因为视觉皮质的一个名为 V4 的区域受到了损伤，该区域负责将色彩体验添加到来自初级视觉皮质的输入信息中。

大脑还拥有其他专门进行特定视觉处理的区域，这些区域的损伤可以选择性地敲除意识内容。例如，梭状回面孔区（fusiform face area）会在你看到或者想到某个你认识的人的面孔时被激活。该区域受损会让人患上脸盲症（prosopagnosia），无法只通过脸认出别人——有时甚至连镜子里自己的脸都认不出来。研究表明，有些人天生患有脸盲症，但是常常并未意识到这一点，因为他们通过别人走路和谈话的方式或者发型辨认别人。敲除意识内容的一种元素会迫使大脑使用其他输入信息进行补偿。

处理记忆的大脑区域如果出了问题，就会对我们的意识察觉产生严重影响。2008 年去世的著名美国患者亨利·莫莱森（Henry Molaison；以姓名首字母简称 H. M.）在年轻时曾同时切除大脑两侧的海马体（hippocampi）以治疗癫痫症。结果，他失去了建立自传体回忆和思考未来的能力，从此他余生的意识体验都被限制在此时此刻。海马体临近大脑区域中的癫痫会导致似曾相识感（déjà vu），它是出现在我们意识体验时间线上的一种混乱，或者我们思维矩阵中的一个小故障。

阿尔茨海默病（Alzheimer's disease）也始于海马体及其周围区域，而作为这种疾病的早期症状，记忆丧失暗示着随之而来的自我丧失。海马体与大脑中的一组结构高度相关，它们一起构成了所谓的默认模式网络（default mode network）。它们是我们处于没有任何特定任务需要执行的“休息状态”时特别活跃的大脑区域，并且参与回忆过去、期待未来和理解其他人的思想——也就是我们内心体验的内容。在阿尔茨海默病早期患者中，该网络也会受到影响，导致该疾病典型的记忆紊乱症状。

其他痴呆症会影响其他大脑区域，从而影响意识体验的不同方面。例如，语义性痴呆（semantic dementia）会影响大致位于耳朵后面的外侧颞叶新皮质（lateral temporal neocortex），这里的数据库储存着我们掌握的关于语言和世界的知识。此处受到损伤会导致单词查找的困难和知识的丢失，但和阿尔茨海默病早期症状不同的是，日常记忆不会受到影响。

想象障碍

我们现在涉及的大部分意识障碍认识，都是影响对世界的瞬间觉察的问题，但这并不是事情变糟糕的唯一途径。近些年来，我们已经开始识别出我们“扩展意识”的障碍。我们将自己抽离此时此刻的能力大大丰富了我们的人类意识，我们可以回忆过去，富有想象力地畅想未来，还能进入小说或者科学理论的虚拟世界。我们将大量人生体验花在这种转换状态之下，而这种状态似乎也会出问题。

大约 10 年前，一名男子（在科学研究中的代号是 MX）在做了一个治疗动脉堵塞的手术后失去了视觉想象的能力。（见“视角：失去思维之眼是什么体验？”）大多数人在观看和进行视觉想象时大脑的一块区域会被激活，而当 MX 在看着一张脸或者试图想象它的样子时对其大脑进行功能性脑成像，结果表明，当这名男子试图进行视觉想象时，相应大脑区域未能被激活。

视角：失去思维之眼是什么体验?

接受手术后，一名在科研论文中以姓名首字母作为代号的男子 MX 失去了视觉想象的能力。在这里，他向亚当·泽曼讲述了自己的故事。

MX：我是在做了动脉整形术仅仅几周之后第一次注意到这种情况的。我注意到晚上当我去睡觉的时候，我无法做到我平常做的事情，也就是在睡觉之前想着我的家人、我的孩子和孙辈并在脑海中想象他们的样子。

他们就是无法出现在我的思绪里。而且以前我睡不着的时候会用一种方法，就是从 99 开始倒数，同时想象自己看着数字，有时是白底黑字，有时是黑底白字，看着它渐渐变小。我从未数到 1，在那之前我已经睡着了。这些状况是我做了动脉整形术大约 3 周之后出现的。

AZ：你能够想象你去过的地方的样子吗?

MX：不能，我想不出任何东西的样子。我记得它们，但是我想不出它们的样子。

AZ：这影响你的记忆了吗?

MX：就我的观察而言，它没有受到任何影响。我觉得我的记忆和从前一样好。

AZ：甚至记得视觉细节?

MX：是的。哪怕我不能想象那些，但我记得那些视觉细节，我知道这听上去有点奇怪，但是我能记得。我就是知道，但是我看不见这些细节。我无法解释这一点。

对这个病例的描述得到了公众的广泛关注，而且人们认识到有相当数量的人——或许占总人口的 2%——缺少这种能力。它被描述为终生的幻象可视缺失症（aphantasia；“phantasia” 是亚里士多德制造的词，意为思维之眼，而前缀 “a” 表示它的缺失）。

对于一部分患有终生幻象可视缺失症的人，他们的所有感觉都受到了影响——进而没有“思维之耳”或“思维之舌”，而大约一半的人只缺失视觉想象的能力。一些被该问题困扰的人称自己难以进行自传性回忆，或许这并不令人惊讶，因为对我们大多数人而言，视觉想象是自传性回忆中的一个非常重要的元素。实际上，当我们回忆过去时被激活的许多大脑区域也会在我们进行视觉想象时被激活。然而，有些艺术家和小说家称他们缺乏形象化能力，却又极具创造力，所以很显然视觉想象能力的缺失并不等同于想象力的缺失。首次解码人类基因组的克雷格・文特尔（Craig Venter）长期以来一直很清楚自己无法想象视觉图像，并声称这让他可以更好地完成自己的研究工作。

有趣的是，很多患有幻象可视缺失症的人知道视觉想象是什么样的，因为他们可以在梦中“看到”，并且会在逐渐睡着时体验临睡幻象。然而，他们不能自发唤起可视图像。这可能是因为做梦本质上是一个自下而上的过程。脑干中的活动驱动着做梦，而我们做梦时的大脑激活与我们清醒和警觉时的大脑激活非常不同。当我们自发做出视觉想象的决定时，我们进行的是“自上而下”的操作，并且使用极为不同的一系列大脑结构和网络驱动这个过程，特别是涉及额叶和顶叶区域。

另外，最近发现另一群人拥有异常生动的心理意象——超幻症（hyperphantasia）。对这两群人的比较应该能够为研究我们构建自己内在现实的方式提供新的思路。

访谈：让我知道你在那儿——最低意识状态的道德困境

“如果有的人看似处于植物人状态，但其实是有意识的，那该怎么办？”伦理学家约瑟夫・芬斯（Joseph Fins）这样问道。他是纽约威尔康奈尔医学院的医疗伦理学和医学教授，以及脑损伤高级研究联合会（Consortium for the Advanced Study of Brain Injury，简称 CASBI）的联合主任。

你的工作涉及脑损伤影响意识时导致的棘手问题。为什么这方面的问题对你如此重要？

我们直到最近才意识到，一部分被诊断为处于植物人状态的人其实根本不是植物人。他们并未处于永久性的无意识状态；实际上，他们是有意识的。我们现在知道这是“最低意识状态”。我突然发现这是一个人权问题，这些人有互动能力和一定程度的意识，却孤零零地躺在疗养院里无人问津。

所以在你的《权利浮现》（*Rights Come to Mind*）一书中，你决定讲述他们的故事。

为了我们开展的大脑如何从意识障碍中恢复的研究，我采访了来到康奈尔医学院和洛克菲勒大学的 50 多个家庭的人。这些无法发声的人和他们挣扎中的家人常常处于孤独之中并被巨大的悲伤淹没，我感到自己对他们负有巨大的道德义务。

你用玛吉·沃尔森（Maggie Worthen）的故事展示了这些困境。和我说说她的情况。

玛吉在上大四时脑干中风发作，留下的严重后遗症导致她被认为处于永久性植物人状态。两年后，她的母亲找到我们，想知道玛吉是否有一定的觉察能力。我们先通过行为方面的表现，再通过神经成像的方式，能够证明她的确处于最低意识状态。

有一次，我的同事尼古拉斯·希夫（Nicholas Schiff）指着玛吉的母亲问道：“那是你妈妈吗？”先是漫长的停顿，然后玛吉的眼睛猛地向下看——意思是“对”。然后玛吉的母亲开始在我肩膀上抽噎。那是一个关键时刻。

我们从 2002 年开始就了解最低意识状态了。为什么仍然存在误诊问题？

最低意识状态面临的挑战是，行为表现是断断续续的，因此不能总是重现。这让它的鉴定很复杂，误诊率较高。一项研究表明，在疗养院中被诊断为植物人状态的大脑创伤患者中，有 41% 的人实际上拥有最低意识。

我认为我们必须让社会做好准备，以适应社会科学进步的结果，这些结果会让我们面临新问题，但同时也给了我们找到新解决方案的机会。

怎样的科学进步正在改变现状？

神经成像技术可以帮助我们弄清楚这些人是否有反应和意识。神经科学已经让我们意识到了这种情况，而且我们可以通过神经修复、深层脑刺激、其他设备和药物来应对这种情况。但是从根本上讲，这是一个社会问题，因为现在我们要治疗的人，理应得到比我们传统上给予他们的更好的对待。

作为第一个尝试使用深层脑刺激改善脑损伤患者意识的团队的成员，你感觉如何？

这项工作是从我与尼古拉斯·希夫的合作开始的，他和我都在威尔康奈尔大学工作。我们都对外部能够看见的东西和内在发生的事情之间的脱节感兴趣。他的想法是，使用深层脑刺激来帮助患者在最低意识状态下恢复功能性交流。这带来了巨大的伦理挑战：你如何研究无法表示同意参与研究的人？我花了将近 10 年时间研究让这种工作成为可能的伦理规范。这个项目在 2007 年发表在《自然》（*Nature*）杂志上。我们发现深层大脑刺激可以改善注意力、肢体控制和口语表达。一名实验对象在被袭击后处于最低意识状态，然后通过这种程序获得了用嘴进食所需的足够协调性。

你以一种饱含希望的方式谈论这些问题，但是你描述的人的许多经历都非常糟糕。

我不是在试图浪漫化这些大脑状态。没有人会选择变成这样。但是在大脑损伤之后，家庭成员首先希望他们的挚爱之人能够生存并醒来，其次希望的是他们醒来时有意识。

再次，他们希望当患者有意识时，不只是最低意识状态——但是患者常常落入他们不希望看到的状态。我们正在努力帮助这些人恢复尽可能多的功能。最近的一项研究表明，22% 的意识障碍患者将恢复到能够独立生活的程度。听到这个数字时，大多数人都感到吃惊。

你所说的人们一开始接受的治疗和后来得到的护理之间的悖论是什么？

遭受创伤性脑损伤的人一开始会得到挽救其生命的出色医疗救助。但是在这之后，人们常常进入长期护理机构并在那里度过余生，因为他们被认为没有做好康复的准备。但是一旦到了那儿，他们就常常回不来了。

所以你的意思是改善他们状况的机会被错过了？

是的。有些人在出院时可能处于植物人状态。他们可能最终进入疗养院，然后开始表现出间歇性的反应行为；医生被叫过来，但是这些行为未能重现。如果医生不了解这种新科学，那么当这实际上是最低意识状态的生物学表现时，他们却可能将其归因于家庭成员的心理而否认。我在书里描述了这样的例子。例如，受伤 19 年后开始说话的特里·沃利斯（Terry Wallis）。他的家人以为他们在这段时间产生了不少幻觉，但是直到他脱离了最低意识状态并且开始说话，人们才意识到他在过去 19 年的很大一部分时间里一直拥有最低程度的意识。

已经恢复的人能否帮助改变人们对这种脑损伤患者的生活的看法？

问题在于，曾经处于最低意识状态的人并不记得这段时间。所有人都想知道他们当时在想什么。但是他们不记得，因为储存记忆的海马体是对损伤和其他种类的创伤最敏感的大脑结构之一，所以他们没有这段回忆。但是他们的故事正在成为我们为什么应该担心的例证。

6

拥有意识的机器

当人类意识还有很多有待了解的奥秘时，有多大的可能将某种类似的“意识”构建到机器人中呢？

将“感受”嵌入机器

如果一个机器人能够觉察自我、感受和思考，这意味着什么呢？如果认真考虑这个问题，我们就可以从中学到很多关于意识的知识。

2016 年，一个德国研究团队宣称他们制造了一条可以感受疼痛的机器人手臂。果然，当这个机器人被用力敲打时，它会做出更强烈的反应，比轻轻触摸它时更迅速地抽回去。但是，这和感受疼痛一样吗？大多数人恐怕不这么认为：他们会说这个机器人被编程为以不同方式对不同种类的刺激做出反应，但是它其实并没有任何感受。

作为人类，我们并不只是简单地感觉和做出反应，我们实际上在感受；我们在经历丰富和生动的感官体验，这不仅仅是反应活动。感官体验带来的感受为什么是这样的，科学一直未能给出令人信服的解释。有些人甚至断定理解感官体验的性质超出了科学的范畴。有鉴于此，我们很容易认为将任何类似感官体验的东西嵌入机器人中应该是不可能的。

关于如何解释“感受质”——体验的特定性质，最有影响力的观点认为，大脑中某种未得到充分理解的复杂过程可能造成了不同感受的出现。但是这种解释提出的问题比它回答的问题还要多。假设我们已经发现，红色体验和绿色体验之间的差别是某种大脑过程导致的，比如说是因为视觉皮质的不同振荡频率。然后你可能会问，为什么不一样的频率让你感受到红色而不是绿色？这个难题将继续存在。实际上，无论针对红色和绿色之间的差异提出什么样的神经学解释，你始终都可以问一个类似的问题：为什么特定大脑机制让你有红色而不是绿色的体验？这个问题之所以难以回答，是因为似乎不存在能够将体验的性质（我们甚至无法用语言来描述这种性质）与可能的身体或神经机制联系起来的通用语言。

思考“感受”

那么，或许现在是以不同方式思考“感受”的时候了。根据意识的感觉运动理论（见第2章）的描述，“感受”体验不是大脑的神秘副产物，而是我们与周围世界互动的方式。

例如，想象你在按压一块海绵。这种柔软感是在哪里产生的？传统方法会在大脑中寻找感官体验，但现在就去按压离你最近的柔软物体，你很快就会发现柔软感根本不在大脑中：它存在于按压柔软物体这一行为的特定特征之中。感觉运动理论提出，所有“感受”可能都是这样。红色的颜色、洋葱的气味和敲钟的声音，它们都是与世界互动的不同方式。如果是这样的话，那么机器人当然也可以获得感受——与从大脑的复杂活动中神秘诞生的感官体验相比，这显然更容易达成。

感觉运动理论消除了“感受质”的神秘性。这种理论使用的语言，与我们描述我们与世界互动时做了什么所使用的语言相同，它解释了红色是什么样的，视觉是什么样的，听觉是什么样的。至关重要的是，机器人应该也能以这种方式进行交互。

所以，机器人需要什么因素才能产生像人类一样的体验？我们的感官体验的一个重要特征是，它们拥有“感觉存在感”：与其他发生在神经系统中的事情，例如思想、想象或回忆相比，它们似乎来自我们的外部，而且拥有一种真实的实体存在。

身体性

造成我们感官体验的这种存在感的原因之一是“身体性”（bodiliness）。来自五种感觉通道的感觉输入都非常依赖身体移动。如果你看着某个东西并移动你的眼睛（或者身体），那么进入你神经系统的信息会立刻变化。与思考时的情况进行对比：如果你在思考某件事并同时移动你的身体，信息输入不会有任何变化。思想没有“身体性”，因此不是来自外部世界的体验。

除了我们的身体，外部世界在我们的感觉体验中也发挥着积极的作用：神经系统的输入不仅受我们身体运动的影响，还受我们周围环境变化的影响。在感觉运动理论中，这被称为外部世界的不顺从性（insubordinateness），因为外部世界可以随时介入并占据中心地位。

这暗示了感觉输入不同于思考或记忆等其他大脑活动的另一种方式。感觉输入“很抓人”：当突然改变时，它们会立即得到我们的注意。这种“吸引力”来自这样一个事实，即进化对人类感觉系统的调适使得正在进行的认知过程可以被突然发生的环境事件立即打断。

所以，如果我们要将身体性、不顺从性和强引力嵌入机器人的感觉系统中，它会有意识吗？并不一定。要想有意识地体验一种感受，主体不但必须感觉它，而且必须关注自己正在感觉的东西。例如，你可以一边开车一边和车上的乘客对话，在红灯前面停车，在该转向的路口正确地拐弯，但当你回到家的时候，你可能不会记得任何细节。所以，意识到某件事情还需要你投入注意力。

我们是否需要硬件来解决“难问题”？

到目前为止，大多数计算机和机器人都是在软件上运行的。伊利诺伊大学斯普林菲尔德分校的电气工程师兼哲学家彭蒂·海科宁（Pentti

Haikonen）说，这正是它们永远无法以和我们相同的方式体验疼痛或色彩的原因。软件是一种语言，他说，因此需要额外信息才能解释。例如，如果你不会说英语，那么单词“pain”（意为“疼痛”）或“red”（意为“红色”）毫无意义。但是如果你看见红色，它都自有其意义，无论你使用的是什么语言。“疼痛”和“红色”这样的感官体验是大脑的直接体验，无须中途解释。

海科宁制造了一个机器人，它的名字叫 XCR，即“实验认知机器人”（Experimental Cognitive Robot）的缩写。它能够储存和操纵输入感觉信息，不是通过软件，而是通过物理实体——电线、电阻器和二极管。

“XCR 的制造方式很特别，如果它被足够大的力量击打，产生的电信号就会让它转过身去——这是与疼痛相关的逃避反应。”海科宁说。这个机器人还拥有一种原始的学习能力。例如，如果在它被击打的时候它拿着一件蓝色物体，那么它检测到蓝色的感光二极管会发出信号，永久性地打开一个开关。此刻之后，这个机器人将蓝色与疼痛联系在一起，一边转身离开一边发出声音：“我疼，蓝色不好。”尝试再次将它推向一件蓝色物体，它会向后退。“蓝色，不好。”

随着机器人科技的进步，学会避开蓝色物体没什么大不了的：传统的基于软件的机器人能够用头着地倒立着做到这一点。但是 XCR 绕过软件，将感觉信息直接储存在它的硬件里，海科宁说这个事实让它迈出了通向意识之路的第一步。

如果他是对的，如果我们无法基于软件创造一种有感受能力的机器，那么无论网络有多大，它永远都不会有感觉能力。但是连接到超级模拟计算机上的缸中之脑——来自哲学的一个经典思想实验——可能是有意识的。

所以，如果我们将注意力处理器嵌入机器人的话，我们就可以说它可以像我们一样感受了吗？这次仍然缺少了某样东西。健康的人类有自我：有一个“我”在感受。如果一个机器人能够对什么需要处理投入注意力，然而并不知道它自己的存在，它当然不会体验到任何东西。

如今，将自我感嵌入机器人实际上并没有你可能认为的那样遥不可及。自我认知有多个层次。阿米巴原虫能够避免食用自己，所以在最基础的水平上，它能够区分自己和其他事物。在更高的水平上，一只松鼠可以将自己的坚果藏起来，让其他松鼠找不到它们。这表明松鼠根据它自己的目标将自己与其他松鼠区分开。然后人类——或许还有狗、海豚和其他灵长类动物——拥有更高层次的自我认知，你可以将它称为对自我认知的认知，它会导致更复杂的现象，例如同情、信念、欲望和动机。将这些嵌入机器人并不像乍看上去那样毫无可能（见“Nao，自我觉察的机器人”）。

Nao，自我觉察的机器人

2015 年，在纽约哈德孙河东岸的一个机器人实验室里，一个难题被交给三个小型人形机器人去解决。

它们被告知它们当中的两个服用了让它们不能说话的“哑药”。在现实中，一个按钮被按下，令这两个机器人只能沉默，但是它们都不知道哪一个仍然能够开口说话。这就是它们必须解答的问题。

由于无法解答这个问题，所有机器人都试图说“我不知道”。但是它们当中只有一个发出了声响。听到自己机械的声音之后，它明白自己没有被沉默。

“对不起，现在我知道了！我能够证明我没有吃哑药。”它说。然后它撰写了正式的数学证明，并将它保存在自己的内存里以证明自己已经理解。

这是机器人首次通过名为“智者难题”的经典测试。它听上去像是个简单的测试，而且的确只是抵达了意识的山脚。但是通过展示机器人——在这里是现成的 Nao 型号机器人——能够解决需要运用某种自我觉察的元素的逻辑问题，这是重要的一步，继续向前探索就有望制造出理解自身在世界中位置的机器人。

负责进行这次测试的是来自纽约伦斯勒理工学院的塞尔默·布林斯约尔德（Selmer Bringsjord）。他说通过在许多此类测试中过关（无论范围多么狭窄），机器人将开始建立起一系列有用的能力。他没有纠结于机器是否能像人类一样有意识，而是致力于展示意识的特定而有限的例子。

智者测试要求对方拥有一些非常像人的特征。机器人必须能够听取并理解人类提出的问题：“你吃的是哪种药？”然后它们必须听见自己的声音说“我不知道”，并理解是它们自己说了这句话，再将这一事实与它们没有吃哑药联系起来。

布林斯约尔德的机器人在这种特定情况下似乎表现出了意识，它们评估了自己的状态并得出结论。但是我们人类拥有更广泛、更深入的智能尚不存在。Nao 机器人可以通过智者测试，但根本无法认出自己的脚。

布林斯约尔德说，机器人之所以不能拥有更广泛的意识，原因之一就在于它们无法处理足够的数据。对于一个场景，尽管相机可以捕捉到的数据比人眼多，但是如何将所有这些信息拼接在一起以构建世界的整体样貌，机器人专家却十分茫然。

该测试还揭示了人类意识意味着什么。布林斯约尔德认为，人类拥有而机器人永远无法拥有的，是现象学意识——“意识思维的第一手经验”，位于加拿大温哥华的不列颠哥伦比亚大学的贾斯汀·哈特（Justin Hart）这样形容它。它代表了实际体验一场日出，以及只是让视觉皮质按照代表日出的方式振荡之间的微妙区别。没有它，机器人就只是“哲学意义上的僵尸”，能够模仿意识，但永远不能真正拥有它。

然而，即便拥有所有这些性质，对于一个具有自我觉察的聪明的感应机器人而言，只有在它能够让我们相信它拥有自己的内在体验时，我们才能说它真正拥有意识。即使在人类中，自我的概念也被认为是一种认知或社会构建。这就是哲学家丹尼尔·丹尼特所说的叙事假象（narrative fiction）：我们在讲述一个关于我们和其他人的内心体验的故事。为什么它感觉如此真实？思考其他种类的文化构建，例如金钱。金钱是一个故事，因为我们都赞同特定纸张和特定小块金属的价值。如果我们不赞同它们有价值，那它们将一文不值。自我也是一样：虽然它是一个故事，但它十分真切。

拥有感知和自我觉察能力的机器人也是如此。随着它们变得更加聪明，并且越来越融入我们的社会——或许还会融入它们自己的社会，它们对于我们以及对于它们自己而言也会是有意识的。

到那时候，它们会像我们一样感受。当然会存在差别，因为它们拥有不一样的身体，不一样的交互模式，但是它们的“感受”对它们而言将会像我们的感受对我们自己而言一样真实。有感受能力的机器人将生活在我们当中，或许比我们想象的更快。

你，寄身于硅

想象一下永生。当你的人类身体永远无法再升级时，你能够将自己的所有记忆上传到计算机中，然后生活在一个人形机器人里。

这是一个距离现实仍然很遥远的幻想，但是几家公司正在朝这个方向迈出最初的几步。

最初的目标是让你能够创造出一个可以在你生物学意义上的身体分解很久之后依然继续存在的栩栩如生的数字表象，或者说化身（avatar）。这个数字化的“孪生子”也许可以为你的曾孙辈提供宝贵的经验，并且可以让他们很好地了解自己的祖先。

然而，最终他们致力于创造一个有个性和意识的化身，它体现为一个机器人，有效地让你或者你的某些表象变得不朽。

到目前为止，可用选项只不过是使用人工动画照片进行美化的社交媒体形象，但是几家公司不仅致力于完美地再现脸庞，还在努力捕捉独特的面部表情和自然语音。

仍然有很多挑战，尤其是创造一个了解与你的人格和口味相关的所有一切的逼真化身所需的时间和金钱。创造一个真正栩栩如生的表象需要一生的训练，而且让我们面对现实吧，我们大多数人面对自己的生活已经忙得应接不暇了。但是在未来，谁知道呢。

农业革命见证了人类可以共同完成比从前庞大得多的事业，而工业革命见证了权力从乡村贵族转移到城市工商业。这一次，数字身份革命可能会改变人们对他们自己、他们的生活以及作为人的意义的看法。

让我们拭目以待吧。

7

转换状态

从灵魂出窍到迷醉幻觉，这些奇异的状态如何让我们了解意识的运作方式?

深潜：催眠如何改变我们的觉察?

催眠术在科学界的名声不算太好，但这并没有妨碍少数研究人员将它作为一扇探究意识性质的窗口进行研究。

伦敦大学学院的名誉教授大卫·奥克利正在对其他方面健康的人使用催眠术，诱发他们的异常心理状态。研究思路是创造出“虚拟患者”，它们的症状只需打个响指即可添加和消除，从而更容易研究导致它们异常的大脑活动。

奥克利与卡迪夫大学的神经心理学家彼得·哈利根一起关注一系列罕见且奇怪的疾病，对于这些疾病的患者，他们的正常意识察觉会被打断。

它们包括癔病盲（hysterical blindness），患者不能有意识地看见东西，但是他们的眼睛或大脑并未受到可察觉的损伤，以及视觉忽视症（visual neglect），患者会失去对一半视野的觉察。还有癔病性瘫痪（hysterical paralysis），这是一种自由意志障碍，患者的自发运动被打断，在没有受到任何实质性伤害的情况下不能移动身体的一部分。患者睡着时，同一个肢体可以毫无问题地运动。肢体异己征（alien limb syndrome）是另一种自由意志障碍，患者会觉得自己的一条手臂或者腿仿佛是在自发行动（见“自由非意志：当肢体拥有自己的生命”）。

自由非意志：当肢体拥有自己的生命

患有所谓的反常手综合征（anarchic hand syndrome）的人会发现，一只发病的手伸出去并抓住了他们并不想拿起来的东西。患者会试图用另一只手约束这只不听话的手，如果不管用的话，他们有时会将它绑住。

原因是大脑损伤，这种损伤通常发生在名为运动辅助区（supplementary motor area，简称 SMA）的区域。在猴子身上进行的研究工作表明，大脑的另一个部位运动前区皮质（premotor cortex）会无意识地产生某些动作，作为对我们在自己四周见到的事物的反应。然后运动辅助区参与其中，决定是继续这个动作还是停止它，但是运动辅助区受到的损伤会破坏这种控制——于是就产生了反常手，每个视觉暗示都会让这只手随意动作。

“少数人非常不幸，大脑两侧的运动辅助区都受到损伤，进而经历了两只手都无法控制的体验。它们受环境触发因素的支配。”研究这种疾病的英国爱丁堡大学神经学家塞尔吉奥·德拉·萨拉（Sergio Della Sala）如是说。

这套系统听起来和自由意志恰恰相反——德拉·萨拉将它称为“自由非意志”。这项发现表明，尽管我们感觉自己的行为始终在我们有意识的控制之下，但实际上，很多无意识的决策也在同时进行。

奥克利和哈利根相信，这些病症可以通过催眠术重现在健康人身上，从而有可能揭示导致它们的原因。他们希望这将加快我们对难以研究的疾病的理解，因为它们不但非常罕见，而且还常常出现在有其他问题如抑郁症或精神分裂症的人身上。

被催眠的大脑中的活动真的可以模拟患有真实疾病的人的状况吗？奥克利和哈利根确信，和患有真实病症的人相比，他们的虚拟患者体验到的某些大脑变化是相同的。哈利根讲述了他们曾经如何在一名志愿者身上诱导出了视觉忽视症，方法是暗示他的左侧视野将不复存在。然后他们让他临摹一张画，画面上分散着十来个物体。大多数被催眠的人在得到该指令后，只临摹出了画面右侧的物体，就像大多数有视觉忽视症状的人一样。但是这名志愿者就像真正的患者一样，画出了画面上每件物体的右半边。

相似之处还出现在大脑内部。哈利根和同事们令 12 名学生进入高度催眠状态，然后对一部分学生暗示他们的左腿瘫痪了，告诉另一部分学生只需假装自己的左腿瘫痪了，并且承诺，如果他们能够成功骗过一名观察员就会获得奖励。在事先不清楚志愿者组别的情况下，观察员们没能分辨出谁在假装瘫痪——直到他们看见志愿者的大脑扫描图像。大脑活动出现了清晰的差别。在被催眠暗示自己瘫痪的志愿者中，高度活跃或者说“点亮”的大脑区域之一是右侧眶额叶皮质（right orbitofrontal cortex）——该区域被认为参与情绪抑制，而且曾被观察到在癔病性瘫痪中处于活跃状态。

这项研究表明，无论是在癔病性瘫痪患者中还是在被催眠的志愿者中，正常状态下与动作意图抑制相关的大脑区域都是不活跃的。这说明它的确是自由意志方面的问题。并不是他们不愿意动，而是他们无法做出动作。

这些研究是否将有助于开发针对患者的疗法仍有待观察。也许最大的影响只是让人们相信这些疾病是真的。能够向医生和患者指出这些奇怪的意识状态是真实的疾病，这是一大进步。

未能深潜

如果你对催眠无动于衷，可能是源于你的大脑布线方式。那些容易陷入催眠状态的人，其大脑两半球的效率可能更不平衡。

大约 15% 的人被定义为极度容易被催眠，而另外 10% 的人几乎无法被催眠。其他人处于这两种类型之间。怀疑论者辩称，有些人并不是处于真正的催眠状态，只是更容易接受暗示，然后更容易表现出相应的行为。然而，最近的研究表明，在催眠过程中，大脑不同区域之间的连接性降低，大脑左半球的活动减少而右半球的活动增加。这些研究结果表明催眠不只是表演。

为了查明易受和不易受催眠的志愿者的大脑在他们清醒时是否也存在差异，英国米尔顿凯恩斯开放大学的彼得·奈什（Peter Naish）使用了一种催眠敏感性标准测试方法，这种方法结合运动和认知任务，识别出了属于每种类型的10名志愿者。然后他让每名志愿者戴上一副眼镜，镜架的左、右两边各安装有一只LED（发光二极管）灯。两只LED灯快速接连闪光，然后志愿者必须说出先闪光的是哪一只。奈什重复进行这项任务，直到两次闪光之间的间隔短到志愿者无法判断出正确顺序。

奈什发现，易受催眠的志愿者在右侧LED比左侧LED先闪光时更容易察觉到正确的闪光顺序。这说明他们的大脑左半球更加高效（视觉通路在大脑中是交叉的，所以左半球控制右眼，反之亦然）。相比之下，不易受催眠的人对左、右两边LED灯闪光的感知能力是一样的。

当奈什尝试催眠两组志愿者时，这些大脑效率平衡上的差异仍然存在。在催眠过程中，易催眠人群的大脑似乎切换了“状态”，变得在左侧LED灯先闪光时更快察觉。与此同时，两半球的效率在不易催眠人群中仍然相对平均。他们没有进入催眠状态，但是他们在这个任务上的表现开始退步。

奈什提出，成功的催眠需要大脑右半球的临时支配，大脑两半球效率不平衡的人产生这种状态要容易得多，即便是在清醒时。这符合一种理论，该理论认为催眠涉及左半球优势到右半球优势的过渡。佐尔坦·迪恩斯（Zoltan Dienes）来自位于英国布莱顿的萨塞克斯大学，他使用经颅磁刺激暂时降低了左半球的活跃程度，并发现这提高了对催眠的响应性，或许可以通过降低左半球的活跃程度来为志愿者提供帮助。

灵魂出窍体验

某天早上，一位年轻男子头脑昏沉地醒来。他站起转身，却看见自己仍然躺在床上。他冲自己沉睡的身体大叫，摇晃它，跳到它上面。接下来他只知道自己又躺了下来，但是这一次他看见自己站在床边，摇晃着自己沉睡的身体。在巨大的恐惧之下，他从窗户跳了出去。他的房间在三楼。稍后他才被人发现，而且受了严重的伤。

这位 21 岁的年轻人所经历的是一种灵魂出窍体验，这是一种最奇特的意识状态。这很可能是他的癫痫引起的。后来他对医生说自己并没有打算自杀。他的纵身一跃，是在不顾一切地尝试重新整合身体和自我。

自这起戏剧性事件以来，包括在瑞士苏黎世大学医院治疗这位年轻人的神经心理学家彼得·布鲁格（Peter Brugger）在内，科学家们在理解灵魂出窍体验方面已经走了很长一段路。

他们已经将原因锁定为一个特定大脑区域故障，如今正在研究它如何导致这种灵魂离开自己的身体并在一旁观察身体的几乎超自然的体验。他们还在使用灵魂出窍体验去解决一个长期存在的问题：我们如何建立和保持自我感。

在陀思妥耶夫斯基、王尔德、莫泊桑和爱伦·坡等作家颇具戏剧化效果的描写下——其中一些人是根据第一手的经验写作的，灵魂出窍的体验通常与癫痫、偏头痛、中风、脑肿瘤、药物使用甚至濒死体验联系在一起。不过很清楚的一点是，没有明显神经失调症状的人也可以经历灵魂出窍体验。根据一些估计，大约 5% 的健康人在一生当中的某个时刻有过这种体验。

你的分身

那么灵魂出窍的体验到底是怎样的呢？最近出现的一个定义涉及一系列越来越古怪的感知。其中最轻微的是一种分身体验：你感觉到一个人的存在或者看到了这个人，你知道这个人就是你自己，然而你的意识仍然在自己的身体里。这通常导致下一个状态阶段，你的自我感在你真正的身体和你的分身之间来回移动。这就是布鲁格的患者所经历的。最后一个阶段，你的自我完全离开你的身体并从外部观察身体，通常是在如天花板这样较高的位置上。

一些灵魂出窍体验只涉及其中一个阶段，而在另一些灵魂出窍体验中，所有三个阶段连续出现。古怪的是，很多亲历者声称这种体验令人愉悦。所以大脑中到底可能发生什么，才能创造出这样一种看似不可能的感官体验呢？

第一条重要线索出现在 2002 年，当时瑞士联邦理工学院洛桑分校的神经学家奥拉夫・布兰科（Olaf Blanke）和他的团队偶然发现了一种引发充分灵魂出窍体验的方法。他们正在为一位患有重度癫痫的 43 岁女子实施探索性脑外科手术，以确定治愈她需要切除的大脑部位。当他们刺激大脑后部附近一个名为颞顶联合区（temporoparietal junction，简称 TPJ）的区域时，这名女子报告称她当时飘浮在自己身体上方，向下看着自己。

这在神经学上有一定道理。颞顶联合区处理视觉和触觉信号、来自内耳的平衡和空间信息，以及来自关节、肌腱和肌肉的本体感觉，这些信息会将自己身体各部位的相对位置告诉我们。颞顶联合区的任务就是将这些信息整合起来，创造出一种具身感：一种你的身体在哪里、它从哪里结束以及世界的其他部分从哪里开始的感觉。布兰科和同事们假设，灵魂出窍的体验出现在无论出于何种原因颞顶联合区未能恰当地完成这项任务时。

自我的移位

后来出现的案例更多表明，出现故障的颞顶联合区是灵魂出窍体验的核心。例如，在 2007 年，比利时安特卫普大学医院的迪尔克·德·里德（Dirk De Ridder）试图帮助一名患有顽固性耳鸣的 63 岁男子。在消除他耳鸣的最后一次孤注一掷的尝试中，里德的团队在这名患者的颞顶联合区附近植入了电极。这没有治好他的耳鸣，但这导致他经历了一种类似灵魂出窍的体验：他感觉自己向后移动了大约 50 厘米，接着又挪到了自己身体左侧。这种感觉持续了超过 15 秒，足以对他的大脑进行正电子发射断层扫描（PET）。

图 7.1　设身处地：创造一种“自我身体转换”

当然，该团队发现颞顶联合区在这场体验中被激活了。

然而，来自神经障碍或大脑外科手术的线索只能带你走到这么远了，特别是因为病例非常罕见，需要进行更大规模的研究。为了实现这一点，布兰科和其他人使用了一种名为“自我身体转换”的技术，迫使大脑去做它在灵魂出窍体验中似乎会做的事。在这些实验中，受试者被快速展示一系列短暂出现的卡通人物，这些卡通人物只在一只手上戴着手套。一些卡通人物面向受试者，其他则背向受试者（见图 7.1）。

志愿者的任务是想象自己处于卡通人物的位置，从而搞清楚戴手套的是哪只手。随着图像连续出现，要想做到这一点，你必须在思维中不断旋转自己的身体。当志愿者执行这些任务时，研究人员使用脑电图记录他们的大脑活动，并发现，当志愿者想象自己位于和自己身体的实际朝向不同的位置，也就是身体之外的位置时，他们的颞顶联合区会被激活。

这支团队还使用经颅磁刺激技术刺激了颞顶联合区，这种非侵入性技术可以暂时使部分大脑失去功能。随着颞顶联合区的正常功能被打断，志愿者完成自我身体转换任务的时间明显增加了。

其他大脑区域也牵涉其中，包括靠近颞顶联合区的区域。正在形成的共识是，当这些区域正常运作时，我们与自己的身体相处融洽。但是打断这些区域，我们的具身感就可能飘走。

但是，这并不能解释灵魂出窍体验最引人注目的特征：为什么大多数人在他们灵魂出窍以后的位置，不仅能够看到自己的身体，还能看到身体周围的东西，例如其他人。这些信息是从哪儿来的?

睡眠瘫痪

一类证据来自名为睡眠瘫痪（sleep paralysis）的症状，在这种状况下，健康人发现自己的身体像在睡眠中一样无法动弹，然而自己却有清醒的意识。在一项对将近 12 000 名曾体验过睡眠瘫痪的人的调查中，加拿大安大略省滑铁卢大学的艾伦・切恩（Allan Cheyne）发现，许多人报告了类似于灵魂出窍的感官体验，其中包括从自己身体里飘出来，然后转过身看向它。

切恩提出，这可能是大脑中的信息冲突造成的结果。在睡眠瘫痪的过程中，有可能进入一种类似快速眼动睡眠的状态，梦见自己在运动或者飞行。在这样的情况下，你意识到运动的感觉，然而你的大脑知道你的身体不能移动。为了解决这种感觉上的冲突，大脑切断了自我感的束缚。或许是类似的感觉冲突导致了灵魂出窍体验。

与此同时，布鲁格基于他的一名病患报告的一次灵魂出窍体验，提出了一个人如何在闭上眼睛的情况下看到东西的解释。据当时正坐在床边的患者父亲所说，患者的眼睛是闭上的。然而患者后来报告称自己从病床上方的视角看到，他的父亲去了洗手间，回来时手里拿着一条湿毛巾并用它擦拭了自己的额头。

据推测，这名患者应该是听见了自己父亲走到浴室并打开水龙头的声音，而且之后感觉到了自己额头上的湿毛巾。布鲁格推测，他的大脑将这些刺激信号转化成了视觉图像，与联觉中的情况不无相似之处。然而，这仍然不能解释外部视角。

德国美因茨约翰尼斯·古腾堡大学的托马斯·梅青格尔（Thomas Metzinger）提出了一种思路。回想最近一次度假的片段。在你的脑海中，你是从第一人称视角看到这个片段的，还是从第三人称视角看到自己身处这个场景之中？令人惊讶的是，我们大多数人属于后者。如果大脑是从记忆中重建信息，那么外部视角就说得通了。

无论机制如何，对灵魂出窍体验的研究都有望帮助回答神经科学和哲学领域的一个重大问题：自我意识是怎样出现的？很明显，我们的自我感大部分时间栖居于我们的身体。然而基于灵魂出窍体验来看，自我感似乎能够从肉体分离出去。所以自我和身体之间到底是怎样的关系？

为了解决这个问题，梅青格尔与布兰科及其同事合作进行了一项实验，这项实验在健康的志愿者中诱发了一种灵魂出窍体验。他们从背后拍摄每名志愿者，并将图像投射到志愿者佩戴的头戴式显示屏上，令志愿者看到自己站在前方大约 2 米处的样子。然后实验人员轻抚志愿者的背——与此同时，志愿者会在显示屏上看到虚拟的自己被轻抚。这造成了感觉冲突，而很多人报告称他们的自我感从真实身体向虚拟身体转移了。

在梅青格尔看来，这些实验表明，自我意识始于拥有身体的感觉，但是自我意识不只是单纯的具身感。梅青格尔认为自我性很可能包含许多要素，而我们才刚刚开始将它们整合起来。

癫痫狂喜

这是费奥多尔·陀思妥耶夫斯基一生中最重大的体验之一。“一种在正常状态下匪夷所思的幸福感，对于任何没有体验过它的人而言都是无法想象的……然后，我感到我与自己以及整个宇宙完美地和谐相处。”这位小说家如是告诉他的朋友——俄国哲学家尼古拉·斯特拉霍夫（Nikolai Strakhov）。这种感觉背后是什么？这段描述听上去像是在说某种宗教觉醒，然而，陀思妥耶夫斯基描述的却是一次癫痫全面发作之前的时刻。

这些感官体验体现在了陀思妥耶夫斯基的小说《白痴》中的角色梅诗金公爵身上。“我愿意为那一刻献出自己的一生。”公爵在谈起自己癫痫刚开始发作时的短暂瞬间时说道。在那一刻，他“洋溢着无限的喜悦和狂喜、心醉神迷的献身精神，以及最充沛的生命力”。

近些年来，作为了解自我意识的窗口，对癫痫狂喜的报道重新引起了科学家们的兴趣。他们还想知道是否还存在其他方式，可以将我们所有人引入类似的存在状态。

癫痫发作大致分为两类：全面性发作和局灶性发作。在全面性发作中，放电充满大脑的外层（皮质），并常常导致意识丧失。狂喜性癫痫似乎属于第二种。在局灶性或者部分性癫痫中，电风暴局限在大脑的一个小区域，而且患者通常保留意识。如果错误电信号向四周传播，这种类型的发作可能变成全面性发作。

瑞士日内瓦大学医院的神经科医师法比耶娜·皮卡尔（Fabienne Picard）采访了许多有过狂喜性癫痫发作体验的患者，并识别出三大类效果。

第一类效果是自我觉察的强化。例如，一位 53 岁的女教师对皮卡尔说："在癫痫发作期间，我感觉自己似乎非常非常清醒，更容易觉察到身边的一切，还有我的感官体验，一切似乎都变得更大了，让我应接不暇。"第二类是身体上的幸福感。一位 37 岁的男子将它描述为"一种天鹅绒般的感觉，仿佛我被保护起来，不受任何负面影响"。第三类是强烈的积极情绪，一位 64 岁的女性表述得最精彩："充满我的巨大喜悦高于身体的感官体验。这是一种绝对存在的感觉，感觉我自己是彻底完整的，我的整个身体和我自己与生活、世界以及'所有'达成了一种难以置信的和谐。"她如是说道。

当皮卡尔开始寻找这种病症的神经学源头时，这些描述将她引向脑岛（insula）——这是研究意识的科学家们越来越感兴趣的一个皮质区域。它深埋在将额叶和顶叶与颞叶分开的裂隙内，而它的主要功能似乎是将来自身体内部的"内感受性"信号（如心跳）和"外感受性"信号（如触摸）的感觉结合起来。

有证据表明，从脑岛的后部到前部，对这些信号的处理变得越来越复杂。脑岛距离后脑勺最近的部位处理客观属性（如体温），而前面的部位——前脑岛——处理对身体状态和情感的主观感受，包括正面的和负面的。换句话说，前脑岛负责我们对身体和自我的感觉，有助于产生一种对"存在"的意识感受。这导致亚利桑那州凤凰城巴罗神经学研究所的巴德·克雷格（Bud Craig）提出，大脑的这个部位是"对一个人的全部感受的终极表述，即有感知力的自我"的关键。

狂喜性癫痫的根源

研究发生在前脑岛中的异常活动如何导致像狂喜性癫痫这样的意识障碍，可能有助于科学家发现该区域如何创造我们正常的自我觉察体验。皮卡尔的患者报告称感受到了确定性——世间万物都毫无差错的感觉，这似乎与以下理论相符：前脑岛参与预测身体在下一个瞬间感觉如何。然后这些预测与真正的感官体验相比，产生一种“预测错误”信号，这种信号可能有助于我们决定如何对变化的环境做出反应。如果预测错误很小，我们会感觉良好；如果错误较大，我们会感到焦虑。前脑岛中的电风暴可能会破坏这种比较机制，导致预测错误的消失。于是，患者就会觉得似乎世界没有任何差错，一切都走在正轨上。

除了感觉到增强的觉察力和确定性，陀思妥耶夫斯基等人还记录了一种奇怪的感觉，即癫痫发作期间时间变慢了。这可能反映了脑岛对我们的感觉进行抽样的方式。巴德·克雷格辩称，前脑岛通常将内感受性、外感受性和情感状态结合起来，每 125 毫秒左右创造出一个离散的“全局情感时刻”，从而将我们的感受分割成独立的小方框，就像电影胶片一样。他提出，过分活跃的前脑岛可能会越来越快地产生这些全局情感时刻，从而让人感觉时间在变慢。

我们还可以通过其他方式了解脑岛的作用。克雷格和皮卡尔认为，安非他命、摇头丸和可卡因等毒品引起的感觉可能和狂喜性癫痫有许多相似之处。这些化学物质通常会触发大量神经递质短时间内通过大脑，而且有证据表明使用毒品之后，和其他区域相比，前脑岛中的多巴胺（dopamine）异常地高。类似的是，与亚马孙地区的萨满仪式长期相关的致幻饮料死藤水（ayahuasca）也会造成神经递质血清素（serotonin）的异常增加。而且核成像结果显示，服用大约 100 分钟后，前脑岛的血流量增加了。

幸运的是，或许可以使用更安全的方法接近同样的感受。冥想者常常体验到陀思妥耶夫斯基综合征带来的时间减慢、加强的自我觉察和深刻的幸福感。2007 年，威斯康星大学麦迪逊分校的理查德·戴维森（Richard Davidson）和同事们研究了 15 名专家级冥想者和 15 个新手冥想者。他们发现冥想状态越深，前脑岛越活跃。

如果这的确反映了陀思妥耶夫斯基笔下的梅诗金公爵所说的“无限的喜悦和狂喜”，那它显然来之不易：这些经验丰富的冥想者进行了超过 1 万小时的练习才体验到这些效果。你也许不需要像梅诗金公爵所说的那样“为那一刻献出自己的一生”，但是也相去不远。

性高潮：脱离心智的假期

在性高潮的那一刻，意识消失了。但是在我们的大脑和身体里发生了什么，才让这得以实现？新泽西州纽瓦克罗格斯大学的巴里·库米萨勒克（Barry Komisaruk）及其同事们正在试图找出答案，梳理隐藏在性唤起背后的机制。在这个过程中，他们不仅发现通向性高潮的路径不止一种，而且还可能揭示了意识的一种新类型——对这种新型意识的理解可能开发出新的疼痛治疗方法。

库米萨勒克对性高潮的时间进程感兴趣，特别是当名为前额皮质（prefrontal cortex，简称 PFC）的大脑区域变得活跃时。前额皮质位于大脑前部，参与意识的各个方面，例如自我评估以及从另一个人的角度考虑某件事物。

库米萨勒克的团队最近发现，某些女性在高潮期间前额皮质变得更加活跃——这在此前对高潮的研究中从未出现过。令人惊讶的是，能够只通过想象达到性高潮的人也表现出同样的特点。据受试者的报告，幻想和涉及自身的图像常常是她们性体验的一部分，因此库米萨勒克及其同事想知道前额皮质是否在仅凭想象创造生理反应的过程中发挥着关键作用。

实验表明，前额皮质在当事人想象自己被性接触而不是实际被性接触时特别活跃。他提出，这种增强的活性可能反映了想象或幻想，或者可能反映了某种认知过程，该过程有助于管理对我们自己的快乐的所谓“由上而下”的控制——大脑对生理功能的直接调控。

然而，当荷兰格罗宁根大学的扬尼科·乔治亚迪斯（Janniko Georgiadis）及其同事进行类似的实验时，他们发现同一个大脑区域在性高潮期间“关闭”了。具体地说，他们发现前额皮质中名为左侧眶额叶皮质（left orbitofrontal cortex，简称 OFC）的区域出现了明显的活性降低。

乔治亚迪斯提出，左侧眶额叶皮质可能是性控制的基础——可以这么说，也许只有放手，性高潮才能够实现。他认为这种活性降低可能是“意识转换状态”最有说服力的例子；这种失控尚未发现于任何其他类型的活动中。

对于乔治亚迪斯和库米萨勒克两人研究结果的差异，可能存在一个简单的解释——它们可能代表由不同诱导方法激活的两种不同的性高潮途径。在库米萨勒克的研究项目中，参与者是自慰达到高潮的；而在乔治亚迪斯的研究中，参与者受到伴侣的刺激。也许在有伴侣的情况下，人更容易放松控制，达到高潮。或者在有伴侣时，不必非得对感官和快乐进行自上而下的控制也能达到高潮。

库米萨勒克表示同意。他希望有一天对于没有性高潮体验的女性，可以使用神经反馈（neurofeedback）的方法在生殖道刺激期间实时检测其大脑活动。他寄希望于这种反馈可能有助于帮助她们操纵自己的大脑活动，让她们更接近性高潮的活动模式。他还相信，对性高潮——以及前额皮质的作用——的进一步研究将提供我们急需的认知，让我们能够探究如何只使用思维控制其他身体感觉，例如疼痛。尽管意识控制非常重要，但学会偶尔抛下它或许可以治疗多种疾病。

麦角酸二乙基酰胺（LSD）如何拓展你的心智

在化学家艾伯特·霍夫曼（Albert Hofmann）无意中摄入 LSD 并体验了它拓展心智的效果 75 年之后，脑成像技术让研究人员首次一窥它如何引发针对意识的重大影响。

在这种迷幻体验中，最引人注目的是名为“自我消解”的现象，使用者感到自己以某种方式从自我中抽离出来。研究通常稳定的自我感如何被打断，可以告诉我们神经机制怎样创造出人类体验中这一不可分割的部分。

伦敦帝国理工学院的罗宾·卡哈特－哈里斯（Robin Carhart–Harris）在两天内为 20 名志愿者注射，一次注射了 75 毫克 LSD，另一次注射的是安慰剂。然后志愿者躺在扫描仪中，研究人员使用三种不同的技术对他们的大脑成像，共同形成用药和不用药时神经活动的综合状况。

不使用药物的梦幻乐园

想在不使用致幻药物的情况下体验意识的转换状态吗？没问题。我们每天晚上睡觉时都会陷入这样的状态，不过我们很难当时体会它，因为不巧的是，发生时我们没有意识。

通过更加留意即将睡着时名为临睡幻觉（hypnagogia）的中途状态——此时幻觉出奇地常见，就有可能进入这种灵魂出窍的状态。

我们不知道是什么导致了临睡前幻觉，不过有一种理论认为是因为大脑的某些部位在其他部位之前先睡着了。这种夜间转换状态可以激发创造力。化学家弗里德里希·奥古斯特·凯库莱（Friedrich August Kekulé）在半梦半醒之际参透了苯环的结构。然后是超现实主义艺术家萨尔瓦多·达利（Salvador Dalí），他寻找创造力的方法是一边打瞌睡一边在手里拿着一把勺子，让它悬在一个金属盘子上方。当他睡着时，勺子会掉在金属盘子上并将他吵醒，而梦中的画面仍然清晰地留在他的脑海中。

不过临睡幻觉并不都是有趣的。它有时会触发一种可怕的睡眠瘫痪，通常伴随着我们睡梦的神经抑制在当事人尚未完全睡着之前就启动了。这种状态常常伴随着胁迫型听觉和视觉幻觉，并被认为是外星人绑架报道的缘由。

核磁共振扫描显示，LSD 导致大脑活动的协调性在构成默认模式网络（default mode network）的区域中降低。这种效应的大小与被试者对其自我消解的评估呈正相关，说明该网络可能是稳定的自我感的基础。

另一种类型的成像脑磁图（magnetoencephalography，简称 MEG）显示，阿尔法脑波节律在 LSD 的作用下减弱，这种效应也与自我消解相关。人类的阿尔法节律比其他动物强，而卡哈特 - 哈里斯认为这可能是高水平人类意识的标志。

但是 LSD 还让大脑的活动更加统一，而且通常独立工作的区域之间出现更多交流。这说明大脑的运作比平常更简单。

这些研究结果在一定程度上还可以解释 LSD 如何导致类似梦境的视幻觉。虽然初级视觉皮质通常主要与视觉系统的其他部分交流，但是在服用 LSD 的志愿者中，许多其他大脑区域也参与了图像处理。

在 20 世纪 50、60 年代，人们对 LSD 进行了深入的研究，这种药物在治疗情绪障碍、成瘾和其他疾病方面展示出广阔的前景。当它被一项国际协定禁用时，大多数科研工作都停止了，即使这在技术上仍然是被允许的。该研究的资深作者大卫·纳特（David Nutt）说，他希望这项研究具有变革性的意义，激励其他人像他们一样通过心智的转换状态研究意识。

致幻药物将大脑推入此前从不需要的状态

对神经元活动的测量表明，致幻药物确实会改变大脑状态，创造出一种不同的意识。

英国萨塞克斯大学的阿尼尔·赛斯发现了这点，他的方法是重新分析伦敦帝国理工学院的研究者此前采集的数据。在罗宾·卡哈特－哈里斯及其同事监测了大脑活动的志愿者中，19 名志愿者服用了氯胺酮，15 名志愿者服用了 LSD，还有 14 名志愿者受到磷酰羟基二甲色胺的作用，后者是致幻蘑菇中有迷幻作用的化合物。卡哈特－哈里斯的团队使用连接在颅骨上的传感器测量这些志愿者的神经元产生的磁场，并与服用安慰剂的志愿者进行对比。

此前的研究工作表明，和睡着的人相比，处于清醒状态的人拥有更多样化的大脑活动模式。赛斯的团队发现，服用致幻药物的人表现出了更高的多样性——有史以来测量到的最高水平。

极高的多样性大脑活动模式与报告“自我消解”的志愿者高度重合，所谓自我消解，是自我和世界之间的界限变得模糊的感觉。多样性水平还与更逼真的迷幻体验相关。

越来越多的证据表明，致幻药物能够以其他治疗无法做到的方式帮助抑郁症患者。一些益处已见于 LSD、氯胺酮、磷酰羟基二甲色胺和死藤水。

访谈：为什么我们应该对幻觉去污名化？

著名神经学家奥利弗·萨克斯（Oliver Sacks）去世于2015年，他是那些经历过神经转换状态的人的终身支持者。在去世的几年前，他曾与《新科学家》谈论了我们为什么应该拥抱我们的转换状态而不是害怕它们。

是什么让你对幻觉感兴趣？

我对它们着迷很久了。幻觉是如此多样，而且有那么多造成幻觉的原因，那么多关于幻觉的误解——有时伴随着各种污名，所以我觉得最好先将所有信息整合起来。另一个原因是过去10年左右的时间里涌现出的美丽的神经成像，这种技术证实，在通常负责感知的大脑感觉区域，至少会出现简单的幻觉。

你提到了污名。是不是大多数人会将幻觉与精神疾病联系起来？

我认为有一种普遍存在的看法，而且常常是医生们的共识，认为幻觉代表疯狂——尤其是在存在任何幻听时。我希望我可以稍微平息这种看法，或者说去污名化。这会对患者产生很大的影响。有一项针对视力受损老年人的出色研究，结果显示很多这样的人会产生复杂的幻觉，但是极少有人承认这一点，直到他们找到一位自己信得过的医生。

幻觉和想象有什么区别？

我认为你会意识到，你想象出来的东西是你自己的，而对于幻觉，你不会觉得是自己制造出了它们。你的感觉是——“那是什么？它是从哪儿来的？”

很多年前，我在一位老妇人身上看到了这一点，当时她开始在半夜听见爱尔兰歌曲的声音。她一开始以为是有台收音机忘了关，但老是找不到这台收音机。然后她以为是补牙材料通过某种方式起到了晶体管的作用。最后，当特定的曲调开始不断重复，而且全都是她熟悉的曲调时，她怀疑是不是自己的脑袋里出现了某种收音机，某种不受她控制的机制，而且显然和她正在思考或者感受到或者做的事情并无关系。这种描述方式在有音乐幻听的人当中非常普遍。

在你的书《幻觉》(*Hallucinations*)中，你分享了自己20世纪60年代初在加州“迷失的岁月”的经历，当时你尝试了许多药物。为什么要在现在写这个呢？

主要原因是，在我身上发生的事是潜在的信息来源。我会使用我自己的个案史，就像我会用其他人的一样。不过这些事毕竟已经尘封了40多年，也许正是这一事实让我感觉可以更轻松地描述它们。

你尝试过LSD和其他致幻药物。这些经历是否对你成为一名神经学家有所帮助？

我认为这让我用更开放的态度对待患者的某些体验。例如，有一种现象我称之为频闪式幻象或者电影式幻象，在这种幻觉中，你看到的不是连续场景，而是一系列静景。我在服用LSD时经历过这种幻觉，在偏头痛时也经历过，服用左旋多巴的患者有时也会描述这种幻觉。因此我不会说患者在胡说八道或者干脆充耳不闻，而是会接受这些描述。至于其他方面，这些致幻药物对我是否有多大影响，我不知道。我很高兴我有过这段经历。它让我知道了心智能够做到什么。

有一次，你曾经和一只蜘蛛谈话……

那只蜘蛛，我应该知道和它谈话是不可能的。那是我为数不多完全入迷的几次之一。过于相信幻觉并被其改造的情况让我担心。例如，一名神经外科医生经历了一次所谓的濒死体验，后来他在自己出版的一本书里说到这件事，并且确信自己看见了天堂。我想强调的是，幻觉不能成为任何有力的证据，更别说天堂了。

你强调了幻觉感觉像是宗教体验的倾向，尤其是癫痫发作引起的幻觉。这是为什么？

幻觉可以非常强大而且极具说服力。我认为一个人可能必须用尽全力才能抵挡它们的分量。有一件个案我本应写进书里。有一个年轻的女医生，有过几次这样颇具启示意味的癫痫发作，但是她与上帝争辩了起来。上帝说："你难道不相信自己的感觉吗？" 她说："当我癫痫发作的时候，我不相信。"

你是否担心分享患者的故事是在以某种方式利用他们？

我处在这条微妙的边界上，而且已经在这里待了大约50年了。我有过自我质疑。那时每当我看到"portrayal"（译注：意为"描绘"）这个单词，我总是看错成"betrayal"（译注：意为"背叛"）。如今最重要的是，除了获得任何正式的同意之外，我还想基于自己对患者的了解确保他们不会因为任何事情不安。

你是否希望分享这些故事会改变人们的认知？

我觉得如果我以尊重、温柔和真实的态度描述事情，那么这是一件重要的事。它不是窥阴癖、不是利用，而是一种基本的知识形式。我认为没有什么比详细的个案史更能让人理解疾病情况以及患者对疾病可能的反应方式。

我记得当我的书《错把妻子当帽子》(*The Man Who Mistook his Wife for a Hat*)被制作成一部歌剧时，我对剧本作者说，你一定要去拜访 P 夫人(被错认为帽子的女人)，看看她对此感觉如何。我看着她看完了这部歌剧，心怀担忧地想知道她在想什么。但是她来到我和剧本作者面前说，你们为我的丈夫争取了荣誉。在某种意义上，我希望自己能为患者们争取荣誉。

8 丧失意识

从睡眠到麻醉，我们都会不时地失去意识。在这种情况下，我们到底去了哪里？这能够为自我觉察现象提供一些启示吗？

麻醉之谜

全身麻醉的发展已经将外科手术从恐怖的折磨转变为一场温和的小睡。它是世界上最常见的医疗程序之一，然而我们仍然不知道麻醉药的作用原理。也许这并不令人惊讶:既然我们仍然不了解意识,我们又怎么能理解它的消失呢?

不过，随着麻醉期间大脑成像或记录其电活动等新技术的发展，这种情况正在开始发生变化。

当然，意识转换不只是发生在全身麻醉的情况下——它还会发生在我们睡着时，或者当我们不幸被重击头部时。但是麻醉的确可以让神经学家安全、可逆而且高度精确地操控我们的意识。

首例已知的麻醉手术是一位日本外科医生在 1804 年使用多种强效草药实施的。在西方，首例全身麻醉手术发生在 1846 年的马萨诸塞州总医院。一个装有硫酸醚的烧瓶靠近患者的脸，直到他失去意识。

从那以后，多种化学物质被人们选择用作麻醉剂，有些是吸入的，例如醚，还有一些是注射的。在管理这些药物方面获得专业知识的人发展了他们自己的医学专业。尽管长期以来总是被修补你的外科医生抢去风头，但低调的麻醉师做着同样重要的工作，令你保持在生和死之间的朦胧状态。

意识的调光开关

意识常常被认为是全有或全无的状态——要么你醒着，要么你没有醒；但是实际上存在不同水平的麻醉，就像是为我们的意识安装了一个调光开关（见图 8.1）。

一名典型的被麻醉人员首先会体验某种类似醉酒的状态，这个阶段他们后来可能记得，也可能不记得。然后他们失去意识，这种状态的定义通常是无法响应指令做出动作。随着他们深入生死之间的朦胧地带，甚至不会对穿透身体的手术刀做出反应——毕竟这正是麻醉的目的，而最深的麻醉后，可能需要外界帮助才能维持呼吸。

如今，麻醉程序的第一步通常是注射一种名为丙泊酚（propofol）的药物，它会让患者快速平稳地过渡到无意识状态。（据称，被迈克尔·杰克逊用作安眠药物并导致不幸后果的就是它）除非手术只需花费几分钟，否则麻醉师通常会添加吸入型麻醉剂如异氟烷（isoflurane），可以按分钟控制麻醉深度，得到更好的麻醉效果。

麻醉剂如何起作用？

那么，我们对麻醉剂的作用机制了解多少呢？自从它们被首次发现以来，最大的谜团之一就是如此多样的一大批化学物质如何全部能够导致意识的丧失。其他药物通过与体内的受体分子（通常是蛋白质）结合起作用，这种方式需要药物和受体的紧密贴合，就像插在锁里的钥匙一样。然而麻醉剂的漫长清单中既有复杂的大分子如巴比妥酸盐或类固醇，也有以原子形式存在的惰性气体氙。它们如何能够全都适合同一把锁？

在很长一段时间里，人们对麻醉剂的效力与它们在橄榄油中的溶解能力显著相关这一事实非常感兴趣。广为流行的“脂质理论”认为，麻醉剂不与特定蛋白质受体结合，而是对神经细胞的脂肪膜进行物理破坏，导致它们无法正常行使功能。

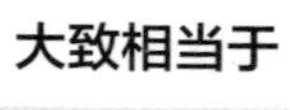

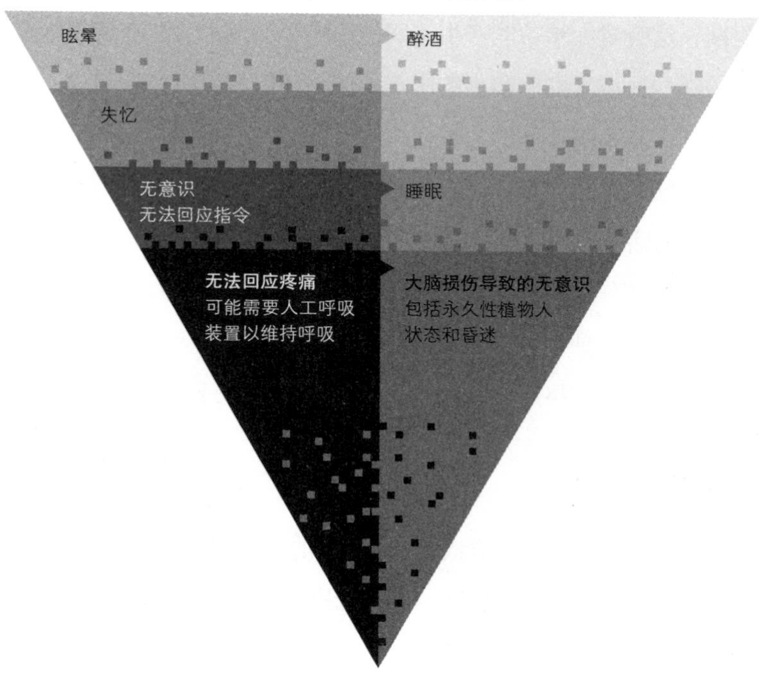

图 8.1　你感到昏昏欲睡：在麻醉下丧失意识与其说像是按下灯的开关，不如说像是用调光开关将灯光调暗

然而，在 20 世纪 80 年代，试管实验表明，麻醉剂可以在没有细胞膜的情况下与蛋白质结合。从那以后，人们找到了许多麻醉剂的蛋白质受体。例如，丙泊酚与神经细胞上的受体结合，这种受体通常对一种名为伽马氨基丁酸（GABA）的化学信使产生反应。推测起来可能是麻醉剂在油脂中的溶解度影响了它们在脂肪膜中接触受体的难易程度。

但是这只解决了谜团的一小部分。我们仍然不知道这种结合如何影响神经细胞，以及它们反馈到哪些神经网络中。

许多麻醉剂被认为通过令神经元难以激活而发挥作用，但取决于哪些神经元遭到阻断，这会对大脑功能产生不同的影响。所以人们正在使用脑成像技术查看大脑的哪些区域受到麻醉剂的影响，例如功能性核磁共振扫描，这种技术可以追踪流向大脑不同区域的血量变化。此类研究已经成功地揭示了被大多数麻醉剂暂停运转的几个区域。遗憾的是，受到影响的区域太多，难以确定哪个区域（如果有的话）才是意识丧失的根源。

考虑到全局工作空间理论（见第 2 章），这或许并不令人吃惊。该理论称，输入感觉信息先在单独的大脑区域内接受无意识的处理。只有这些信号被广播到遍布大脑的神经元网络后开始同步回响，我们才会意识到相应体验。

消退的觉察

通过贴在头皮上的脑电图传感器记录下来的麻醉状态下人的大脑电活动，这一理论最近得到了支持。结果表明，随着意识的消退，大脑皮质不同区域之间的同步性降低，而皮质是大脑的最外层，对注意力、觉察、思维和记忆发挥重要作用。

通过功能性核磁共振扫描也能观察到这个过程。比利时瓦隆大区列日大学昏迷科学研究组的负责人史蒂文 · 劳瑞斯（Steven Laureys）研究了患者在丙泊酚麻醉期间从清醒到轻度镇静再到无法回应指令的过程中发生的事情。他发现当患者处于无意识状态时，虽然皮质中的一些“小岛”因外界刺激而点亮，但是与清醒或轻度镇静期间不同的是，大脑活动没有扩散到其他区域。

通过放慢患者向无意识状态的转变，德国汉堡大学医学中心的安德烈亚斯·恩格尔（Andreas Engel）领导的团队更详细地研究了这个过程。通常情况下，注射丙泊酚只需大约 10 秒就能让人睡着。恩格尔将这个过程拉长到许多分钟，一开始先注射一次很小的剂量，然后分 7 个阶段逐渐增加剂量。在每个阶段，他对志愿者的手腕施加一次温和的电击，并记录脑电图读数。

我们知道，感觉刺激进入大脑后，首先激活一个名为初级感觉皮质的区域，该区域像发带一样延伸在两耳之间。然后更深层次的网络被激活，包括与控制行为有关的额区，以及对于记忆储存十分重要的靠近大脑底部的颞区。恩格尔发现，在最深层次的麻醉状态，初级感觉皮质是唯一对电击有反应的区域。信息似乎根本没有触及全局工作空间。

是什么造成了这种堵塞？恩格尔尚未发表的脑电图数据表明，丙泊酚会引起初级感觉皮质与其他大脑区域之间异常强烈的同步，以这种方式干扰它们之间的交流，从而无法为更加微妙的信息留出空间。在导致意识丧失的癫痫发作中也会发生类似的情况。

反馈回路

实验还表明，麻醉剂打断了信息在大脑中整合所需的双向交流。密歇根大学安娜堡分校的麻醉师乔治·马绍尔（George Mashour）及其团队发表的脑电图研究工作表明，丙泊酚和吸入型麻醉药七氟醚均抑制了麻醉手术患者额叶皮质反馈信号的传递。这些反向信号在意识回来的同时恢复。这些研究结果支持意识在很大程度上依赖大脑不同区域之间的活动反馈回路的理论。

类似的研究结果还出现在处于昏迷或者持续性植物人状态（persistent vegetative state，简称 PVS）的人身上，他们可能会在睡眠－清醒周期中睁开眼睛，但是仍然无法做出反应。劳瑞斯在处于昏迷状态的人中观察到，不同皮质区之间出现了类似的交流瓦解。

加拿大伦敦韦仕敦大学的阿德里安·欧文（Adrian Owen）希望，麻醉学研究可以揭示昏迷等意识障碍的成因。欧文和其他人此前的研究表明，处于 PVS

状态的人会通过大脑中的电活动对语音做出反应。最近，他对逐步使用丙泊酚麻醉的人做了同样的实验。即使在深度镇静之下，他们的大脑仍然会对语音做出反应。但是更仔细的检查发现，负责解码语音意义的大脑部位实际上已经关闭了，这促使人们重新思考在 PVS 患者体内发生的事情。

麻醉剂如何让我们短暂脱离意识觉察，仍有待充分的解释。在并未真正了解原理的情况下，麻醉师们每年引导成千上万的人尽可能接近虚无的边缘而不导致死亡，然后再将他们安全地带回家。

你醒着吗？探索心智的朦胧地带

2009 年，一份令人困惑的报道发表在《睡眠医学》(*Sleep Medicine*) 期刊上。它描述了两名从未真正入睡的意大利人。他们可以躺下并闭上眼睛，但是大脑活动的读取结果显示不出任何与睡眠相关的正常模式。他们的行为也很奇怪。在休息期间，尽管他们在很大程度上无法觉察周围环境，但他们会四处走动，叫喊，猛烈地颤抖，而且他们的心脏跳得飞快。在其他时候，他们有意识和觉察，但是容易产生强大的梦境般的幻觉。

两人都被诊断出患有一种名为多系统萎缩症 (multiple system atrophy) 的神经退行性疾病。据该报道作者——意大利博洛尼亚大学的罗伯托・韦特鲁尼奥 (Roberto Vetrugno) 及其同事——所说，这种病对两人大脑造成的损伤已经让他们进入解离状态 (status dissociatus)，这是睡眠和清醒之间的界限完全瓦解的一种朦胧状态。

这种情况的发生与我们对睡眠的通常看法相矛盾，但是明尼阿波利斯明尼苏达地区睡眠障碍中心的马克·马霍瓦尔德 (Mark Mahowald) 并不感到惊讶，他早就驳斥过睡眠和清醒是离散迥异状态的教条。睡眠和清醒的模糊在解离状态下非常明显，但是他相信这可以发生在我们所有人身上。如果这是对的，我们将必须重新思考我们对睡眠的定义及其目的的理解。也许清醒并不是我们原以为的全有或全无的现象。

公认的看法是，健康人在任何时间都处于三种警觉性状态之一：清醒、快速眼动睡眠以及非快速眼动睡眠。每种状态都是迥然不同的，而且可以通过脑电图测量出的独特大脑模式鉴别（见图 8.2）。

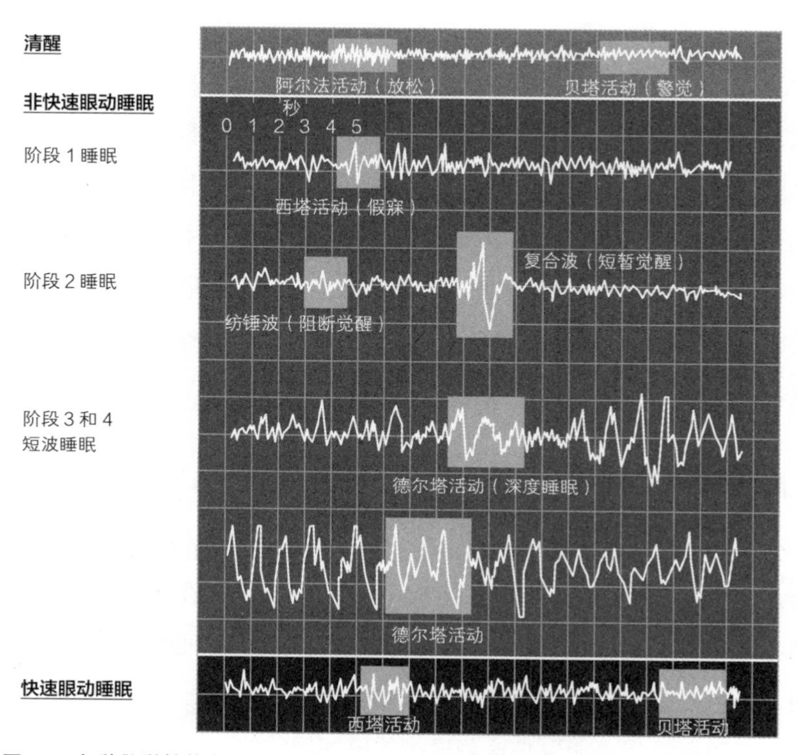

图 8.2　各种警觉性状态：区分清醒与非快速眼动睡眠和快速眼动睡眠的传统方法，是使用脑电图测量皮质外层数毫米中的电活动，以此寻找大脑活动的特殊模式

清醒很容易察觉。除了人的眼睛是睁开的而且他们有反应之外，他们的脑电图还显示出高频低振幅的波形。非快速眼动睡眠分为四个阶段，每个阶段都有其特异的脑电图模式。快速眼动睡眠较难发现，因为从脑电图上看，它与非快速眼动睡眠的 1 阶段非常相似。所以为了确定它真的是快速眼动睡眠，研究人员还会寻找其他明显的迹象，例如快速眼动以及下巴和颌骨肌肉的松懈。

马霍瓦尔德不是唯一质疑过这些整齐界线的人。费城宾夕法尼亚大学的精神病学家大卫·丁格斯（David Dinges）以科学的名义剥夺了许多人的睡眠，这方面他大概是世界第一。在 20 世纪 80 年代末的一项此类研究中，丁格斯和他的团队展示了不同的警觉性状态是如何容易混合。志愿者们接受工作记忆的测试，测试方法是做减法计算，他们一开始的平均成绩是 3 分钟内 90 次运算，并且极少出错。在被剥夺了 52 个小时的睡眠之后，他们的成绩降低到 70 次运算，出错次数并没有增加太多。然而在他们睡了 2 个小时之后，反差是巨大的。志愿者或许认为自己已足够清醒，可他们甚至无法应对最简单的减法。当他们尝试完成任务时，甚至看上去像在做梦。在一连串不正确的计算过程中，一位受试者沉思着说道："感觉大家比正常情况做得更快呢。"

睡眠惯性

失神的一种不那么极端的形式称为睡眠惯性（sleep inertia），如今被广泛认为是某些人在闹钟响起后变得烦躁的原因。仿佛他们在社会属性上醒了，但是在身体功能上仍是睡着的；仿佛负责响应能力的大脑回路已经建立并且正在运转，但是负责调节工作记忆的回路仍然处于离线状态。

许多睡眠障碍可能也是这些界线的模糊导致的。其中之一是快速眼动睡眠行为障碍（REM behavioural disorder，简称 RBD），指的是处于快速眼动睡眠中的人在梦中行动的现象，造成这种现象的原因是通常伴随快速眼动睡眠的临时性瘫痪被清醒时充分的行动能力取代了。在睡眠瘫痪中，情况则是反过来的；临时性瘫痪侵入清醒状态，于是当事人醒来后发现自己无法移动。据估计，多达 40% 的人体验过这种令人不舒服的现象。

临睡幻觉（hypnagogic hallucinations）也令人惊讶地常见，它是发生在即将入睡时的感觉假象，此时快速眼动期的梦境内容侵入了清醒状态中。其他受此影响的睡眠障碍包括梦游（sleep–walking）、夜惊（night terrors）和发作性睡眠四联症（narcolepsy），后者是警觉性状态界线的固有不稳定性，特点是在各种状态之间迅速循环，甚至一句话没到一半就能突然睡着。而令人惊讶的是，它或许还能解释濒死体验和外星人绑架事件。外星人绑架总是发生在从清醒到睡眠的转变阶段，马霍瓦尔德说这并不是巧合。

微睡眠

当我们处于睡眠剥夺状态，睡眠和清醒之间的界限会变得特别模糊。大约 10 年前，丁格斯意识到虽然被剥夺睡眠的志愿者看上去貌似清醒，但他们其实在经历短暂的走神，或者说微睡眠（microsleeps）。从那时起，他发现这些稍纵即逝的小睡持续 0.5 ~ 2 秒不等，而且我们被剥夺睡眠的时间越长，它们出现得就越频繁，直到最终我们无法恢复清醒，打起瞌睡。丁格斯将它们视为神经系统之间进行拉锯战的外在迹象，有的神经系统在试图启动睡眠，而另一些神经系统在试图保持清醒。

这符合华盛顿州立大学普尔曼分校的詹姆斯·克鲁格（James Krueger）的看法，他辩称大脑中的独立处理单元——名为皮质柱（cortical columns）——在疲倦时是独立入睡的。在他看来，当有足够多的皮质柱处于一种或另一种状态时，清醒和睡眠之间的转变就会发生。克鲁格相信，这种嵌合的睡眠模式可以解释睡眠惯性和梦游。

有些人比其他人更容易进入微睡眠。在 2007 年的一项研究中，丁格斯和他的同事们指出，人们在疲倦时抵抗睡眠诱惑的能力存在巨大差异。在一群未被剥夺睡眠的健康人中，警觉性的差异很小。让他们长时间保持清醒之后，差异就开始增长了。

脑成像研究的结果最近发现，剥夺睡眠后仍保持警觉的人拥有一种精神后备系统。其他人在疲倦时减少大脑活动，而抗睡眠者能够维持自己的大脑活动水平。更有趣的是，他们还会征用新的大脑区域，补偿持续过长的清醒状态。这些人之所以被选中参与研究，是因为他们拥有一个基因变异，该变异出现在大约 40% 的人中，被认为与对睡眠剥夺的耐力有关。似乎这些人也更不容易进入解离状态，不过这一点还没有得到检验。而我们大多数人在不睡觉之后都会放松对意识的控制。

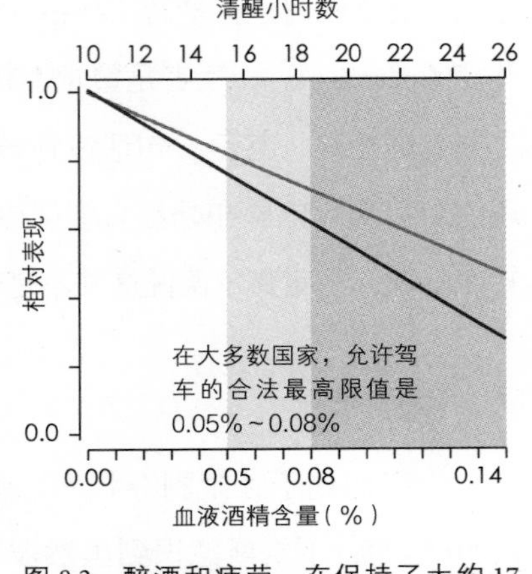

图 8.3　醉酒和疲劳。在保持了大约 17 个小时的清醒后，你的认知和运动技能就会像喝醉后一样

警觉性似乎比大多数人更高的另一群人是失眠症（insomnia）患者。有证据表明，他们处于恒定的过度唤起状态，拥有相对较高的新陈代谢速率和高水平的应激激素皮质醇。

随着睡眠和清醒之间的模糊得到更广泛的承认，研究人员正在设计一些技术，用来捕捉大脑稍纵即逝的走神和游移。例如，威斯康星大学麦迪逊分校的神经学家朱利奥·托诺尼正在使用配备256枚电极的脑电图扫描装置“窃听”睡眠中的大脑，这大大超出通常状况下的32枚电极，提升了空间分辨率，并有助于他捕捉大脑嵌合式小睡的行为。“微睡眠只是冰山一角。”托诺尼说。他特别关注大脑的某些部位会在我们毫无察觉的情况下离线的可能性。健忘和白日梦可能是这种状况的例子，但是更怪异甚至犯罪的行为也可能如此。

与此同时，比利时列日大学的皮埃尔·马凯（Pierre Maquet）已经开始使用功能性核磁共振扫描技术绘制与不同睡眠状态相关的大脑活动模式。他的团队已经发现，与只测量皮质外层数毫米的脑电图相比，当你比较包括深层结构的全脑活动模式时，睡眠和清醒之间的差异看上去相当不同。

研究背景之后隐藏的希望在于，这些方法能够为“为什么睡眠”这一棘手的问题提供启示。一种主流理论认为，睡眠对于记忆的巩固非常重要。然而关于那两名处于解离状态的意大利人，令人困惑的问题之一就是，尽管他们的快速眼动睡眠和非快速眼动睡眠都被完全破坏了，但他们却没有记忆减退的症状。这是否支持了另一些人的看法，他们相信睡眠的目的只是通过节省能量以保证我们的安全？又或者像马霍瓦尔德认为的那样，这是否意味着两人实际上经历了某种嵌合式睡眠？有了关于睡眠和清醒的不那么黑白分明的定义，以及测量它们的更敏感的工具，这个问题最终有希望得到解决。

做梦：我们的心智在夜晚去向何处？

我们最大的一些心智冒险发生在无意识状态下：快速入睡和做梦。然而这个内部幻想世界却是一头捉摸不定的野兽。有多少人在醒来时惊叹于自己夜晚的梦境，却在打开淋浴喷头之前就把梦的内容忘掉了。这些人会很容易体会，把握这些转瞬即逝的心智状态足够久的时间，进而理解它们是多么困难。不过，为了理解许多人的梦境而进行的尝试已经开始揭示我们在夜晚去向何处，以及整体而言这对我们的心智意味着什么。

对梦境特征进行分类的尝试包括要求参与者在每天早上醒来立即记下它们，或者更好的是晚上睡在实验室里，每隔一段时间就被叫醒并被立即问询。这些实验表明，我们的梦境往往缺乏感官察觉。大多数梦境是无声电影——只有一半拥有声音和味觉的迹象，气味和触觉极少出现。

另一种方法是观察睡眠中的大脑活动，寻找我们做梦的线索。一种特别有趣的观点是，睡眠有助于巩固我们的记忆以备将来回忆。首先在海马体——可以看作人类记忆的印刷机——中记录一次事件之后，大脑会将该事件的内容转移到皮质，在那里进行记忆的长期储存。

记忆重现

这让一些心理学家怀疑，当信息的不同零件在大脑中传递时，某些记忆元素可能会在我们的梦中浮现。通过研究受试者的真实生活日记并与他们的梦境记录进行比较，他的团队发现，记忆分成两个单独的阶段进入我们的梦境。它们首先在事件发生的当晚飘进我们的意识，这可能反映了记忆的初始记录，然后它们会在 5～7 天后再次出现，这可能是巩固的迹象。

即便如此，单个事件也很少会完整地出现在梦中——相反，我们的记忆会变成小片段并融入梦的故事中。不同元素的出现顺序可能反映了一段记忆被分解然后在巩固过程中重新打包的方式。

亚利桑那州普雷斯科特瓦利北中央大学的神经学家帕特里克·麦克纳马拉（Patrick McNamara）比较了一个人在两个月里的梦境和真实生活日记。他发现场所感——例如某个可识别的房间——是最先进入梦境的记忆片段，接着是人物、行为，最后才是实体事物。

睡眠中的大脑在巩固过程中将某段记忆固定在我们的神经突触上，但是它也会打造通向心理自传其他部分的连接，让你能够看到不同事件之间的联系。这个过程可能会疏通旧的记忆，并将它们种植在我们的梦中，从而或许解释了为什么我们常常梦到自己数月甚至数年都未曾见过或者去过的人和地方。这还可以解释做梦时出现的怪异的身份错乱现象，物体或人可以看上去像是一回事，但却呈现出另一种形状或特质。

情感暗流

当然，我们的梦不只是人物和物体的集合。像电影或者小说一样，它们以多种不同的风格讲述自己的故事——从琐碎混乱的顺序到强烈的诗意画面。在这里，我们的情感暗流似乎是引导力量。位于马萨诸塞州梅德福的塔夫茨大学的精神病学专家欧内斯特·哈特曼（Ernest Hartmann）研究了最近遭遇痛苦经历或悲伤的人们的梦境日记。他发现，他们更可能产生聚焦在一幅中央画面上的特别逼真的梦境，而不是某种曲折的叙事。与其他更平和时期的梦境相比，这些梦也更难忘。

哈特曼怀疑这可能也反映了潜在的记忆过程——毕竟，我们的情感会指导我们储存并在以后想起哪些记忆。也许这些清晰逼真的图像表明将创伤事件与心理自传的其他部分相结合是一个多么困难的过程。这个过程的结果可能有助于我们适应该事件。

尽管取得了这些进展，但很多谜团依然存在。最大的谜团是我们做梦的目的。例如，它们是否对记忆的保存至关重要，还是我们能够在没有它们的情况下储存生活中发生的事件？这个问题的答案，我们还不知道。但是麦克纳马拉说，理解它们的起源之后，我们总体上将更好地理解意识。

然后，我们的生活方式会对我们的夜间意识产生影响，一些研究表明，电视和电影可能导致我们的梦在形式和内容上都发生重大变化（见“黑白还是彩色？”）。如果每天看几个小时的电视就能改变梦的性质，那么想象一下我们和计算机的密切联系会产生什么结果。例如，英国德比大学的伊娃·穆津（Eva Murzyn）发现，玩《魔兽世界》在线角色扮演游戏的人将该游戏的用户界面融入了自己的午夜冒险中。

黑白还是彩色？

在20世纪50年代，一些令人困惑的报道表明，大多数人的梦是黑白的，这强烈暗示科技推动了我们的梦境。为什么呢？有趣的是，这种情况似乎在接下来的10年发生了变化，到20世纪60年代末时，西方的大多数人似乎拥有彩色的梦。什么能够导致这种转变？英国德比大学的伊娃·穆津将其归因于广播节目的变化——电影和电视在一代人的梦境摆脱灰色调的大约同一时期变成了彩色。有趣的是，她发现差异仍然残留至今——和彩色电视诞生后出生的人相比，在此之前出生的人仍然更有可能做黑白的梦。

受自己儿子打游戏的启发，加拿大埃德蒙顿市麦科文大学的珍妮·盖肯巴赫（Jayne Gackenbach）经过调查后发现，玩家开始报告称对自己的梦拥有了更大的控制感，感觉梦中的自己像是虚拟现实里的积极参与者。例如，游戏玩家在梦到自己被敌人追赶时，更容易尝试反击。讽刺的是，这种互动似乎让噩梦都显得不那么可怕，而且更令人兴奋。

如果想要一个更安宁的夜晚，你也许可以从埃尔韦·德·圣－丹尼斯（Hervey de Saint–Denys）那里获得一些启发。作为 19 世纪的一名早期梦境研究者，他发现某些特定的气味可以引导他的梦境。为了防止自己的期望影响观察结果，他让仆人随机在他晚上睡觉时将要使用的枕头上洒几滴香水。果然，他发现这将他的梦境引导到了与那种香味相关的事件上。更宽泛地说，最近的研究证实，甜香气味可以激发积极情感的梦。

然后，你可能更希望让自己的潜意识引导你的夜间之旅。虽然它们有时会令人担忧和不安，但正是它们的神秘让梦境如此迷人。

怪异的梦？你的大脑甚至不会尝试描述它

你打开前门，发现门口是你的老板——同时也是只猫。当你在做梦时，这种怪异现象似乎完全正常，或许是因为大脑的某些部分放弃了尝试搞清楚正在发生什么事情。

意大利米兰大学的阿曼多·达戈斯蒂诺（Armando D'Agostino）认为，梦的怪异类似于精神错乱，因为个人是与现实脱离的，而且被打断的思想过程将他们引导到了错误的结论。为了进一步了解精神错乱状态下的思维，达戈斯蒂诺及其同事研究了我们的大脑如何回应梦境中的奇异元素。

因为不可能在一个人睡着时弄清楚他梦到的是什么，所以达戈斯蒂诺的团队让 12 个人记录日记，写下对 7 个梦的详细记述。当志愿者们能够想起一个梦时，他们被要求记录当天自己做过的事，并想出一个不相关的幻想故事搭配发给他们的一张图片。

通过使用一种“怪异程度”评分系统，研究人员发现，梦比志愿者清醒时编出来的幻想故事奇怪得多。一个月后，这些报告被念给每个做梦者听，与此同时研究人员使用功能性核磁共振仪监控他们的大脑活动。梦和幻想故事似乎都选择性地激活了大脑右半球的一系列结构，这些结构与复杂的语言处理有关，例如理解一个单词的多重含义。

有趣的是，随着叙述变得越来越怪异，该区域的活动似乎减少了。达戈斯蒂诺说，这就像是大脑正在放弃理解梦境的尝试似的。

9

无意识心智

人类相当自豪于自身的意识心智的力量。然而，我们的内在精神生活的很大一部分发生在意识之外，知道了这一点之后，我们或许会感到有点不安。欢迎来到无意识心智的世界。

强大的“潜意识”（subconscious）这一现代概念是西格蒙德·弗洛伊德作为其精神分析（psychoanalysis）理论的一部分发明出来的。根据这一著名理论，弗洛伊德将潜意识视为我们最基本的动物性欲望的大本营，并且认为它与更讲逻辑且超然的意识心智处于永恒的拉锯战中。

这是现代神经学家绝对不同意的观点，而且如今潜意识有了更牢固的科学基础——不过许多神经生物学家避免使用“潜意识”这个词，更喜欢用“非意识”（non-conscious）、“前意识”（pre-conscious）或“无意识”（unconscious）描述发生在意识外部的思维过程。

不过，他们的确在一件事上赞同弗洛伊德。我们的大脑有一种在意识不参与的情况下理解世界的神秘窍门。它不是一种需要控制的狂野自动驾驶仪，而是一种有目的性、主动且独立的行为指南。

那么，在我们心智的幽暗深处发生了什么呢？什么样的事情出现在那里，而我们却对其一无所知呢？

做出决策

如果你可以把困难的决定交给你的潜意识，而且知道它会比有意识的思考做得更好，这不是很棒吗？荷兰奈梅亨拉德堡德大学的雅普·狄克斯特霍伊斯（Ap Dijksterhuis）在21世纪初提出了这个有关直觉的想法，并且很快流传开来。

狄克斯特霍伊斯发现，被要求做出复杂决策——例如基于令人困惑的一系列指标在不同公寓之间做出选择——的志愿者如果在决定之前暂时脱离这个问题，会做出更好的选择。他推断这是因为无意识思维可以超越工作记忆的有限能力，所以能够一次处理更多信息。

这个观点产生了很大影响，但是它好得不像是真的。许多后续研究未能重复狄克斯特霍伊斯的结果。而且最近一次分析得出的结论是，没有理论能证实无意识是进行复杂决策的最佳工具。尽管如此，狄克斯特霍伊斯仍然确信这种效果是真实的，并且是我们的思维工具箱的重要组成部分。

其他人则认为，无意识心智处理信息的方式对创造力比对决策更重要。它将来自大脑各处迥然不同的信息汇集在一起，而不受到大脑以目标为导向的额叶的干扰。这让它能够产生新颖的想法，这些新想法会在顿悟时刻突然浮现在意识中。费城德雷克塞尔大学的约翰·库尼奥斯（John Kounios）认为，只有以这种方法产生的想法才是真正有创意的。

某些人似乎天生更适合这种思维。库尼奥斯发现，那些倾向于在顿悟时刻解决问题的人，其休息状态的大脑活动有所不同：他们的额叶控制小于逻辑性更强的思考者。虽然目前没有已知的方法可以将你的大脑变得更有创新性，但库尼奥斯建议你可以思考问题直到卡住，然后休息一下，盼着有用的东西在截止日期之前冒出来。

预测未来

每时每刻，大脑接收的信息都比它能够实时处理的多得多。为了理解所有这些信息，大脑会不停做出预测，并使用输入信息对比储存信息以检验这些预测。这些全都发生在我们毫无察觉的情况下。

只是想象未来就足以让大脑行动起来。脑成像研究表明，当人们期望某种声音或图像出现时，大脑就会在感觉皮质中产生一种预期信号。

这种领先感觉一步的能力对于帮助我们理解语音起着重要作用。在对话中，大脑持续不停地领先一步，预测有可能将从另一个人口中说出的声音、字词和意义。

研究还表明，大脑可以使用一种感觉为另一种感觉提供信息。当你听到一段录音质量太差而几乎难以分辨的语音时，如果你之前在字幕中阅读过同样的字词，那么它们听起来就会更清楚。这表明大脑中负责感觉的部分正在对比你听到的语音和你基于此前的知识预测的语音。

我们不仅会做出关于外部信息的假设，我们的大脑还会基于来自身体的情感信号做出预测。以色列巴依兰大学的神经学家摩西・巴尔（Moshe Bar）甚至认为，只有当我们的无意识心智根据我们的感觉和情感反应计算出某件事物的重要性之后，我们才能有意识地识别它。

例如，走路时突然遇到一条蛇，大脑先识别出蛇的形状并对当事人一下子跳开的反应进行处理，之后才出现对这条蛇有意识的恐惧。

不过，做出预测确实有其缺点。错误推论如果被反复加强，可能将难以逆转。因此，当你学习了一首歌而记错歌词之后，你就会很难摆脱它们。刻板印象（stereotyping）是同一种情况的更麻烦的例子。刻板印象让我们知道蛇和火等事物的危险相对恒定，在这方面它是有用的，但是在涉及人与人之间的互动时，它会导致负面偏见和歧视。

一些神经学家还认为，精神错乱中的幻觉是这种期望机制出错的结果。在最近的一项研究中，更容易产生精神错乱体验的人更擅长在图像中看出被数字化分解的隐藏形状。研究人员推测，这可能意味着他们的大脑不那么依赖来自感官的证据，而能更快地得出结论。

尽管有缺点，预测仍然非常有益。如果没有它，我们学会每个教训的过程都将只能像第一次那样：以代价惨重的方式。

如何触及无意识？

对无意识的任何研究都受到一件事的阻碍：按照定义，无意识思维是我们觉察不到的思维。无论再怎么努力，人们都无法告诉你他们觉察不到的东西，而且在大脑扫描图上区分无意识过程和意识过程的方法是不存在的。神经学家和心理学家们不得不开发出了一些天才——而且有些狡猾——的方法来触及它们。

一种方法是研究有症状例如盲视（blindsight）的大脑损伤患者：在受伤或者中风之后，他们无法觉察到一侧的视觉刺激。

虽然他们不能觉察到自己看见了某个动作或者某件物体，但是如果要求他们猜测视野中是什么，他们的表现却比随机瞎猜好得多。这表明，虽然他们未能有意识地看见视觉刺激，但他们可以无意识地处理自己看见的东西并做出适当的反应。

法国国家健康与医学研究院认知神经成像处的斯坦尼斯拉斯·德阿纳（Stanislas Dehaene）开发了另一种方法，名为掩蔽（masking）。在志愿者面前展示一个单词，持续时间只有数十毫秒，然后替换成另一张图片即遮罩（mask），以阻止志愿者在意识中注意到这个单词。通过逐渐拉长单词和遮罩先后出现的时间差，对这个单词的觉察就会进入意识处理中。这通常发生在这个时间差达到 50 毫秒时，但是当研究人员使用情感性单词如“爱”或“恐惧”时，它会提前数毫秒发生。似乎是无意识心智先对单词的重要性以及是否值得关注做出决策，然后才让我们意识到这个单词的。

在自动驾驶仪上运行你的生活

无论是开车、煮咖啡还是不看键盘盲打，我们在日常生活中做的许多事情都不需要有意识地思考。和大脑的许多其他无意识能力不同，这些都是必须先学会然后大脑才能自动处理的技能。大脑做到这一点的方式也许能够为我们提供一个摆脱坏习惯的思路。

麻省理工学院的安·格雷比尔（Ann Graybiel）以及她的同事们指出，大脑深处一个名为纹状体（striatum）的区域是形成习惯的关键。当你进行动作时，参与计划复杂任务的前额皮质与纹状体交流，由后者发送实施动作所必需的信号。随着时间的推移，来自前额回路的输入信号消退，取而代之的是将纹状体连接到感觉运动皮质的环路。这些环路与其他记忆回路一起，让我们可以不用思考就能实施行为。或者换句话说，熟能生巧，不再需要思考。

这个由两部分组成的系统带来的优势在于，一旦我们不再需要对某项频繁出现的任务投入关注，空余出来的处理能力就可以用在其他事情上。不过它也有劣势。类似的信号回路参与将各种行为转变成包括思维模式在内的习惯，而一旦各种行为变成习惯，它就会变得不那么灵活而且更难以中断。如果它是好习惯，那就没问题。但是要是养成了一个坏习惯，你就会发现，你的行为已经不是自己能够选择的了。

不过，至关重要的一点是，格雷比尔的团队指出，即使对于最顽固的习惯，前额皮质的一小块区域仍保持在线状态，以防我们需要采取其他行动。例如，如果我们的刹车板不起作用了，那么我们的全部注意力就会转移到驾驶汽车的实际行为上。

这为任何想改掉坏习惯的人提供了希望，还有那些遭受习惯相关问题之苦的人，如强迫症（obsessive compulsive disorder）和抽动秽语综合征（Tourette syndrome）患者，这两种疾病都与异常的纹状体活动及其与大脑其他部位的连接有关。这些回路有可能是将来药物疗法的有效靶向。不过，就目前而言，对付坏习惯的最佳方法是意识到它们。然后，将你的全部注意力集中在它们身上，并希望这足以帮助前额区域抵挡自动驾驶仪的召唤。要是没能成功，你可以教自己一种新的习惯以抵消坏习惯。

瞬时决策

有过一见钟情吗？或者曾在公共汽车上对某个陌生人突然产生不理性的不信任？这可能是因为我们的无意识在不断做出快速的判断。而且这些判断常常相当准确。

20 世纪 90 年代初，当时在加利福尼亚州斯坦福大学的纳里尼·安巴迪（Nalini Ambady）和罗伯特·罗森塔尔（Robert Rosenthal）要求志愿者观看若干教师的 2 秒、5 秒或 10 秒无声教学录像片段，然后就能力、自信和诚实等特质对教师进行评估。这些评分成功预测了教师们的期末评估，而且 2 秒组的判断和拥有更多时间的其他组的判断一样准确。进一步的实验表明，关于性、经济成功和政治归属的判断具有相似的准确度。不过还没有人想出要做些什么才能让自己显得像个赢家，对于任何希望将这化为自身优势的人来说，这并不算好消息。起决定性作用的似乎是某种无意识发出和接受的整体性身体信号，而且其效果大于各个部分的总和。这让它非常难以伪装，甚至是不可能伪装的。

在某些情况下，我们做出这些判断所需要的只是看一眼对方的脸。在另一项研究中，人们看到美国大选候选人的脸，每张脸只看一秒钟，然后被要求评估他们的能力——这些评分不仅预测了获胜的候选人，还预测了他们的获胜优势。一项后续研究发现，人们可以在仅仅十分之一秒内做出这样的判断。同样，让你可以信任一张脸的神奇成分还没有被鉴定出来，所以这是一个我们对自己所下的结论没有什么选择权的无意识领域。虽然这项技巧无疑是有用的，但是它也可以让毫无根据的偏见感觉像是直觉，其实它们实际上是我们对特定社会群体持有的无意识偏见的结果。

虽然我们无法轻易改变面部特征，但是我们的无意识心智拥有一个让我们变得讨人喜欢的技巧：模仿。伦敦大学学院的心理学家乔·哈勒（Jo Hale）使用虚拟化身研究一个流行的观念，即我们喜欢模仿我们的身体语言的人。虽然模仿某人的身体语言需要花费很多精力，但我们却毫不费力地做到了，全程无须思考。在最近的一项研究中，哈勒对虚拟化身进行编程，使其在 1 或 3 秒后模仿志愿者，并发现 3 秒可能接近自然延迟，因为它既让人察觉不到自己被模仿，同时更有可能觉得化身讨人喜欢。1 秒钟的延迟似乎会吸引意识的关注，让志愿者更有可能注意到模仿行为。所以无论身体语言教练可能会让你相信什么，模仿只有在你掌握好时机的情况下才会奏效。

在睡觉时思考

有些人发誓说，如果他们想在早上 6 点起床，他们只需在睡觉前用自己的头撞 6 下枕头。他们疯了？也许并没有。1999 年的一项研究表明，这都是因为一些精妙的无意识过程。

德国吕贝克大学的一个研究团队让 15 名志愿者连续 3 个晚上在午夜上床睡觉。该团队将志愿者分为 3 组，对第一组说会在早上 9 点叫醒他们并如实照做，对第二组说会在早上 9 点叫醒他们但其实是在 6 点叫醒的，对第三组说会在 6 点叫醒他们并如实照做。

最后一组志愿者的应激激素促肾上腺皮质激素（adrenocorticotropin）从早上 4:30 开始出现可测量的上升，并在 6:00 抵达高峰。被意外叫醒的人则没有这种峰值。研究人员断定，无意识心智不仅能够在我们睡觉时追踪时间，还会设定生物闹钟来启动唤醒过程。“头撞枕头”或许有助于设定这种闹钟。

睡眠中的大脑还可以处理语言。在 2014 年的一项研究中，巴黎高等师范学院的锡德·库伊德及其同事训练志愿者用左手或右手按下一枚按钮，以表示他们在睡着时是否听到某种动物或物体的名字。该团队在训练过程中以及人们在睡眠中听见相同的单词时监控大脑的电活动。即使在睡着的时候，大脑的运动区域仍然有活动在继续，表明睡觉的人正在准备按下正确的按钮。志愿者还能正确归类睡着之后第一次听到的新单词，说明他们睡着时真的在分析这些单词的含义。

这是一种具有良好进化意义的能力。如果你在睡着时彻底关闭自己并且不再监控周围的环境，你会很容易受到伤害。保持某种“待命”模式或许可以解释为什么某些声音（例如我们的名字）比其他声音更容易唤醒我们。

不过，这种保护性监控可能不会持续一整夜。2016 年发表的一项研究发现，虽然快速眼动睡眠期间人们仍然继续对睡前刚听到的单词进行语言处理，但是一旦进入深度睡眠，随着大脑“下线”以便处理一天的记忆，所有反应都会消失。

追踪你的身体

由于无意识的思维处理，我们大多数人本能地知道自己的四肢在哪里以及它们在干什么。这种名为本体感受（proprioception）的能力产生于身体和大脑之间不断进行的对话。这造就了人们对实体存在的统一的“我”的精准感觉。

这种被大大低估的能力被认为是大脑对它接收的各种感觉输入信号的原因的预测结果，这些输入信号既来自身体内部的神经和肌肉，也来自探测身体外部正在发生的事情的感觉。瑞典斯德哥尔摩卡罗林斯卡研究所的阿尔维德·古特斯塔姆（Arvid Guterstam）说："我们觉察到的，是大脑对身体止于何处以及外部环境始于何处的'最佳猜测'。"

著名的橡胶手错觉就是个好例子。在这个实验中，每名志愿者将一只手放在面前的桌子上。然后他们的手被挡住，一只橡胶手被放置在他们面前看得见的地方。然后另一个人用画笔同时轻抚真手和橡胶手。数分钟之内，许多人开始感觉到橡胶手受到的轻抚，甚至觉得它是自己身体的一部分。大脑正在对这种感觉来自何处进行最佳猜测，而最显而易见的选项就是橡胶手。

最近的研究表明，这种第六感会延伸到紧邻身体的周围空间。古特斯塔姆和他的同事们重复了这个实验，用画笔轻抚真手，但是将画笔保持在橡胶手上方 30 厘米处。被试者仍然会感觉到橡胶手上方的画笔轻抚，这意味着在无意识地监控自己身体的同时，我们还追踪着自己身边的一个看不见的"力场"。古特斯塔姆提出，进化出这种能力可能是为了帮助我们捡起物体并在环境中移动而不受伤（见第 11 章）。

本体感受的缺失非常罕见，但是在神经或大脑受损时有可能出现。伊恩·沃特曼（Ian Waterman）的遭遇展示了我们对这种能力的依赖程度，他在 1971 年因为一种类似流感的病毒造成的神经损伤失去了本体感受能力。在被告知自己将永远无法走路之后，他慢慢地学会了有意识地控制肌肉以移动身体。数十年后，他仍不能轻松地做到这一点，而且只有当他亲眼看着相关身体部位并且全神贯注的时候，才能完全控制自己的动作。

即使这套系统运转良好，也有证据表明值得有意识地尝试改善它。在最近的一项研究中，与做瑜伽或者不进行运动训练的对照组相比，接受 MovNat 运动训练——一种旨在增强身体的自然平衡、跳跃和支撑跳能力的训练项目——的志愿者在工作记忆上的表现有显著提高。

10

动物意识

许多年来，意识都被认为是令人类与众不同的存在。其他物种被认为是心理学意义上的“僵尸”：它们无法体验我们的丰富内在精神世界，当然也不会体验内省和前瞻性规划这样高级的精神经历。但是最近，通过一系列有趣的实验测试了动物们知道什么，以及它们自己知道自己知道些什么之后，科学家们开始怀疑“我们在精神世界是孤独的”这一看法。

动物意识：搜寻迹象

如果我们将人类意识当作起点，那么可以使用两种方法在非人类动物中寻找意识。一种是比较它们的大脑和我们的大脑，尽管对于与我们极为不同的动物，例如鸟类和章鱼（见“散装大脑”），这种方法会很困难。另一种是让它们置身于精心设计的实验中，让它们在对世界的理解中寻找与人类相似的迹象。

元认知

在我们的意识觉察中，一个很重要的部分是我们有元认知（metacog-nition）：对我们自己的所知进行反思的能力。长期以来，元认知被认为是人类独有的能力，但是存在另一种可能性：我们只是还没有找到提出问题的正确方法。

近些年来，一些设计巧妙的实验确实表明，某种和元认知看起来很相似的东西存在于动物中，从海豚到鸟类甚至蜜蜂中都能发现。

海豚是首先展示其技能的。20 世纪 90 年代在佛罗里达州海豚研究中心进行的实验发现了这种技能。元认知的一个关键部分是，当你不知道一个问题的答案时，你能够知道自己不知道。认知心理学家 J. 大卫·史密斯（J. David Smith）用实验表明，一只名叫纳图亚（Natua）的海豚可以很好地做到这一点。首先，纳图亚接受了区分两种水下声音的训练。如果它听见一声高音，它就必须按下一片桨叶才能得到一条鱼。如果它听见一声音调更低的声音，它就必须按下另一片桨叶才能得到一条鱼。如果它按错了桨叶，它就什么也得不到，而且必须等待一会儿才会响起下一个声音。

然后研究人员开始播放难以区分的音调——有时“低”音只比高音稍微低一点。发生这种情况时，史密斯报告称纳图亚会开始来回游泳，似乎对这种情况感到挫败。然后研究人员给了它另一个按钮用来在它不确定的时候按。如果它按了这个按钮，它不会得到奖励，但也不会茫然无措，因为任务很快会转移到更容易区分的新音调上。

经过 4 个月的训练后，它就可以非常熟练地表示自己不知道。它会选择跳过困难的分辨任务，从头开始新一轮的选择，轻轻松松地获得一整条鱼。

了解自己的所知并与外界交流自己明白自己不知道某件事，这是动物首次展示出这种迹象。在这项初始研究之后的一些年里，研究人员在灵长类动物中发现了类似的能力，包括恒河猴、黑猩猩和红毛猩猩，它们全都能够在自己不确定时选择不做决定。而且对于黑猩猩而言，如果它们不知道答案，它们就会以相对于奖励较小的代价要求提供进一步的信息。在鸟类中，只有西丛鸦——以其特别聪明的反常举止闻名——通过了这种测试。其他鸟类的能力较差，例如鸽子。但是最近蜜蜂成功地表现出了元认知能力的证据，不过它们的表现似乎有很强的差异性，某些个体比其他个体的能力强得多。

这些实验是否真的在动物中揭示了某种类似人类的对知识和不确定的理解？这是一个被激烈争辩的话题，尤其是在亲自实施这些实验的科学家中。实现元认知的途径似乎不止一种。所以现在的问题不只是哪些特定物种展示出了认识到自己的确定和不确定的能力，还包括它们是如何做到这一点的。

我感受如何？

对于我们的意识生活，一个很重要的方面是我们使用自己的情绪“感受”作为指导我们决策的精神捷径。这种效应首先在人类实验中得到证实。研究人员在晴天或雨天给人们打电话，询问他们总体上对自己生活的满意程度。和晴天相比，人们在雨天对自己的生活不那么满意——他们使用当下的情绪状态作为确定自己总体感受的精神捷径。于是人们推测，如果动物做出同样的判断，那么也许它们的生活体验拥有某种和我们相似的主观情绪“感受”。

使用布里斯托大学的迈克·门德尔(Mike Mendl)和伊丽莎白·保罗(Elizabeth Paul) 开发的一种方法对狗进行的实验表明，它们看上去的确会总结自己的情绪状态，为做出新决定提供参考。人们比较了一个救援中心的两种狗，第一种狗在独处时有严重的分离焦虑,第二种狗可以很好地应对独处。通过这种对比，人们有可能探究它们的总体情绪状态是否改变了它们的未来决策。先对这些狗进行训练，当被放进一个房间里时，它们可能遇到两种情况，第一种是房间的一个角落里有一个装满食物的碗，第二种情况是另一个角落里有一只空碗。两组狗很快学会了食物在什么地方，会快步跑向装满食物的碗，慢悠悠地走到空碗前用鼻子闻几下。在接下来的一系列试验中，一只碗被放置在和每个角落相距不等的地方。焦虑程度低的狗会快步跑向两个角落之间的碗——装满食物和空空如也的可能性相等，仿佛它们期望碗是装满食物的。然而，表现出分离焦虑的狗会用更慢的速度走向它，好像在期望最糟糕的情况。

对大鼠的类似研究得到了相似的结果。养在有很多玩具的富裕笼子里的“快乐”大鼠表现得好像最好的结果将要发生，而养在贫瘠环境中的大鼠则有完全相反的表现。人们甚至发现，蜜蜂也会总结糟糕的体验并用在对未来的期望上，如果在实验之前摇晃它们（模拟捕食者对蜂巢的攻击），它们就会懒得对不明确的奖励伸出自己的喙。

尚不清楚的是，所有对奖励线索的期望表现出这些偏差的动物是否真的是在以人类的方式使用自身的感受进行决策。对于任何动物而言，对未来发生的事情做出准确的猜测都是有利的，而它们在过去对于良好事件和糟糕事件的经验应该会帮助它们做到这一点。但是也许不同的物种能以不同的方式做到这一点。我们需要找到某种测量感受是否牵涉其中的方法，这仍然是一个重大挑战。

内在精神生活的迹象

我们无法询问一只动物它在体验什么，但是某些技能强烈暗示动物可以理解更丰富的精神状态。

未来规划

暗示：一定程度的心理时间旅行

出现于：西丛鸦、黑猩猩、红毛猩猩、条纹蛸

镜像自我认知

暗示：某种“自我”概念

出现于：海豚、大象、蝠鲼、喜鹊

使用工具

暗示：某种灵活思维的能力

出现于：乌鸦、红毛猩猩、黑猩猩、海豚、章鱼

心理时间旅行

我们可以在自身生活的心理时间线上前后移动，追忆往昔，计划未来，然后再次返回；这被我们视为理所当然。不过其他动物是否也能做到呢?

根据对灵长类动物的研究，我们知道与这些和我们亲缘关系最近的动物能够筹划未来的行动——2009 年，瑞典富鲁维克动物园一只名叫桑蒂诺（Santino）的黑猩猩名声大噪，因为它被观察到在动物园开园前平静地摆好当天用来丢向游客的石块。红毛猩猩也被发现能够选择当天晚些时候用来获取奖励所需的工

具。我们的近亲拥有这些技能或许并不令人惊讶，但是最近，表现出提前规划能力的动物种类已经扩展到了一点也不像我们的动物，从章鱼到脑子很小的鸟类。

2009 年，一项对条纹蛸的研究表明，它们会在海底收集废弃椰子壳并带着它们四处移动，尽管这样做的难度常常很大。这些椰子壳在大多数情况下是累赘，但是当这种章鱼感觉受到威胁时，它们会将半个椰子壳翻过来然后藏在下面。有些条纹蛸甚至会用两片椰子壳制造一个更宽敞且带开口的避难所，让它们可以监视外面的情况。它们似乎因为未来的需求而带着椰子壳四处移动，这一事实被解读为它们能够思考未来并做相应计划的证据。

剑桥大学的尼基・克莱顿（Nicky Clayton）和托尼・狄金森（Tony Dickinson）对西丛鸦做了很多实验，这种鸟是鸦科成员，会藏匿食物供将来使用。在一系列独具匠心的实验中，他们和他们的同事探究了这种行为是对未来的真正规划，还是一种自动触发的本能习性。

在一项实验中，他们为这种鸟提供了一顿丰盛餐食，松子或鸟食二选一，然后将这两种食物都摆在它们面前并且给它们藏匿食物的机会。研究人员发现，此前吃松子的鸟对食用和藏匿鸟食表现出了明显的偏好，反之亦然。这说明这些鸟会相当稳定地选择与它们刚刚吃的东西不同的食物。接下来，研究团队给这些鸟一顿不同于第一顿餐食的食物，例如第一顿吃的是鸟食，那么这一顿就是松子，然后再让它们找到自己藏匿的食物（见图 10.1）。经过多次重复这种过程，建立起它们的期望之后，那些一开始被喂食鸟食，然后被允许藏匿食物，接着又被喂食松子，然后又被允许找到自己藏匿的食物的鸟，开始藏匿鸟食了，在它们食用一餐松子后，鸟食对它们更有价值。

这被认为是令人信服的证据，证明西丛鸦在想象某种特定的未来并做出

一只西丛鸦被喂食鸟食，直到完全吃饱

然后，在面临藏匿鸟食还是松子的选择时，这只西丛鸦藏匿了更多松子

情境 A

随后这只西丛鸦再次被喂食鸟食

当这只西丛鸦可以自由选择自己藏匿的食物时，它选择吃松子。幸运的是，它藏了很多松子

情境 B

随后这只西丛鸦被喂食松子

当这只西丛鸦可以自由选择自己藏匿的食物时，它选择吃鸟食，但它没有储藏足够的鸟食

在情境 A 的重复测试下，这些鸟使用同样的成功行为得到了多样化的食物。然而在情境 B 的重复测试下，这些鸟在可以藏匿食物时开始储存鸟食而非松子，尽管刚刚才吃了鸟食。这说明它们已经学会预期到随后的一餐是松子了

一只西丛鸦被喂食鸟食，直到完全吃饱

然后，在面临藏匿鸟食还是松子的选择时，这只西丛鸦储存了更多鸟食，尽管刚刚才吃这种食物

随后这只西丛鸦被喂食松子

当这只西丛鸦可以自由选择自己藏匿的食物时，它选择吃自己似乎是依据先见之明储存起来的鸟食

图 10.1　西丛鸦会相当稳定地藏匿或者挖出和它们刚刚吃的东西不一样的食物。这种能力可以用来探究它们是否能够提前规划

相应规划。

此类实验一直充满争议。由于不能确定是什么在激励动物的行为，所以没有办法证明它们在制造关于自身过去或未来的心理图像。

但是随着数量越来越多的研究探讨动物的心智，我们可以期望找到更多关于动物如何理解其世界的信息。这可能对我们看待和对待它们的方式产生深远的影响。

动物视觉：作为动物是什么感觉？

进入另一个人的头脑并理解其体验的特质，这已经非常困难了，更别说想象其他物种会是怎样。更不妙的是，它们观察外部世界的窗口和我们的完全不同。所以像蜜蜂一样看或者像狗一样嗅会是什么感觉呢？研究人员正在调查它们的超级感官，试图一探究竟。

像蜜蜂一样看

当一只蜜蜂飞进你的花园，它看到的不是你我看到的样子。在颜色深得多的叶片背景中，花朵显得特别突出，而且花上有反射紫外线的着陆带，指示通往花蜜的道路。当蜜蜂飞回蜂巢时，它会通过检查天空中的偏振光模式找到回家的路。这种昆虫拥有马赛克式的视觉，所有这些都是通过像素化窗口看见的，由复眼的每一个单位提供构成整体图像的 5000 个点之一。

蜜蜂颜色系统的复杂性可与人类视觉相媲美，因为和人类一样，它们只有三种色觉受体——紫外光、蓝光和绿光，而人类的组合是蓝光、绿光和红光。将红色过滤并用人眼可见的颜色代替紫外光，如此处理得到的假色照片让我们

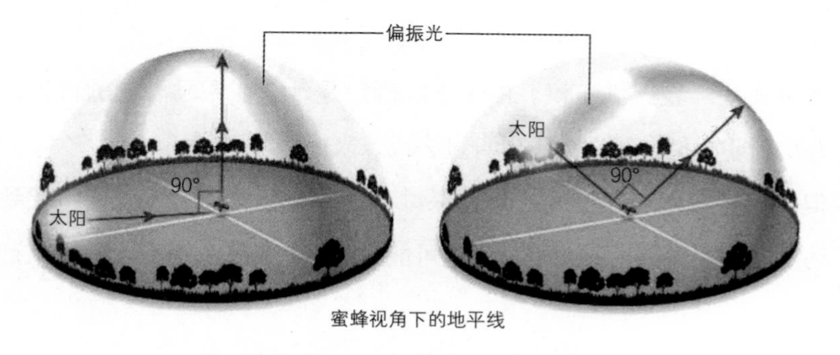

图 10.2　一只蜜蜂的偏振光视野：大气中的空气分子散射光子，形成一个与太阳成 90° 角的强偏振光圈。这条光圈全天跟随太阳的位置移动，让蜜蜂能够使用这种信息导航，即使是在太阳被遮住的时候

能够接近蜜蜂的视觉模式。加入偏振光阴影可以帮助你不迷路，这无疑是一种与我们极为不同的体验。

狗的鼻子知道

你有没有想过，狗的嗅觉比我们灵敏数千倍，那么一条狗是怎么忍受把脸伸进垃圾桶的？据研究狗的认知的亚历桑德拉・霍罗威茨（Alexandra Horowitz）所言，这是因为狗并不只是简单地闻到了比我们闻到的更强烈且令人反感的一种臭味，而是闻到了多层次的混合气味，并将其用作信息来源。

狗从气味中获得的信息比我们多，这不是没有原因的。当我们吸气时，我们有时对气味置若罔闻，因为我们用相同的通道吸气和呼气。2009 年，一项对狗吸气的流体动力学研究表明，狗的每个鼻孔都小于两个鼻孔之间的距离，这意味着它们吸入的空气来自两个不同的空间区域，这让狗能够破译气味的方向。吸气时陈旧空气还会通过鼻孔边缘排出，促使新空气进入鼻腔。一旦进入鼻子，空气会经过多达 3 亿个嗅觉受体，而我们人类只有 600 万个。

霍罗威茨提出，狗的嗅觉或许为它们提供了一种理解时间流逝的方式。通过闻到另一条狗曾在足够久之前尿在某个地方，以至于气味的性质已经改变而且变得更弱，一条狗或许能够感知到过去这个概念。来自 2005 年的一项研究表明，狗在追踪人的气味踪迹时，甚至能够检测到相邻两步之间微妙的气味差别。也许狗甚至能够通过顺着微风飘来的狗、人类或其他物体的气味想象未来。

动物磁力

许多迁徙物种——包括鸽子、海龟、鸡、裸鼹鼠，或许还有牛——能够以惊人的准确度探测到地球的地磁场。近些年来，人们还发现其他许多动物也有感受磁力的现象，而且似乎是在它们的活跃程度很低时。昆虫喜欢沿着南北轴线排成一行，表现出同样行为的还有爱睡觉的疣猪、鱼缸里的鱼、筑巢的家鼠和捕猎的狐狸。

它们做到这一点的方式尚有争议。有人认为是磁铁矿，一种天然形成的铁氧化物，曾被发现存在于细菌、蜜蜂腹部和鸟喙中，而且恰好是地球上磁性最强的矿物。如果它是磁力感受器，那么这些动物实际上会直接感受到南北向的拉力。其他选项包括隐藏在细胞中的微小铁丸，以及名为 MagR 的蛋白质，后者似乎在视网膜的蛋白质内形成了类似罗盘的圆柱体。如果是这样的话，这些动物就能看到磁场。不过到目前为止，还没有人确切地知道感受磁力的真正感觉。

散装大脑

包括枪乌贼、墨鱼和鹦鹉螺在内的头足类动物可以在迷宫中辨别方向、使用工具、模仿其他物种，互相学习并解决复杂问题——这些技能可能显示了某种基本形态的意识。

头足类动物是唯一拥有此类心智能力的无脊椎动物，而且它们的某些令人印象深刻的技能只会在最聪明的脊椎动物中重现，例如黑猩猩、海豚和乌鸦。然而它们是沿着一条完全不同的路径，从类似蜗牛的祖先进化而来的。

头足类动物的大脑在结构上与蜗牛类似，消化道从其中央穿过。其他软体动物的神经系统由链式排列的神经节构成，而头足类动物的进化将它们聚集起来，形成一个中央化的大脑，神经节变成了更复杂的神经叶。

实际上，甚至并非全部处理能力都在大脑中。在构成章鱼大脑的 5 亿个神经元中（与狗的神经元数量大致相同），只有 4000 万～4500 万个包裹在脑囊里，脑囊是一层软骨保护套。在剩下的神经元中，大约 3 亿个控制复杂的腕足结构并且半自动运行，只从中央脑接受最简单的指令。1.2 亿～1.8 亿个神经元位于视神经叶，它也在中央脑之外，负责处理视觉信息并且可能储存记忆。

这两种极为不同的大脑构造如何都能达成令人惊叹的相同能力？理解这一点或许有助于我们了解智力的根源。

感受热量

蟒蛇、水蟒和响尾蛇观看世界的方式和我们差不多，但有一点不同之处：它们还能“看到”红外线。它们是通过名为“颊窝”的器官做到这一点的。这种器官的构造相对简单，位于它们的鼻孔附近，并且配备热敏神经末梢作为红外线感受器。

虽然完全独立于视觉系统，但是颊窝收集的信息最终会来到同一个地方——大脑中名为视顶盖（optic tectum）的部位。两种信息在这里结合。

这意味着蛇也许能够同时看到红外线和可见光，或者可以根据现实情况在两种模式之间切换。

例如，在黑暗的洞穴中捕猎时，它可以使用红外线捕捉猎物，通过寻找洞穴表面较温暖的空气找到出去的路；而当它出现在没有多少温差的炎热沙漠中时，它可以再转换成普通视觉。

蛇还能够在清晨同时使用两种感觉，此时光线足以让它看清，而且气温足够低，当它的温血猎物露面之后，就会因温度比周围环境高出许多而暴露。

观点：动物有意识，并且应该得到相应的对待

（马克·贝科夫）

动物有意识吗？这个问题拥有悠久而古老的历史。查尔斯·达尔文在思考意识的进化时提出过这个问题。他对进化连续性的看法——物种之间的差别是程度而非种类的差别——导致了一个坚定的结论，即如果我们有什么东西，那么“它们”（其他动物）也有。

2012 年，剑桥大学的一群科学家在首届弗朗西斯·克里克纪念年会上讨论了这个问题。这次会议发布了《剑桥意识宣言》（*The Cambridge Declaration on Consciousness*），该宣言的论断是，“非人类动物具有意识状态的神经解剖学、神经化学和神经生理学基础以及表现出故意行为的能力”。接下来它说：“有力的证据表明，人类并非唯一拥有产生意识的神经基质的生物。包括所有哺乳动物和鸟类以及许多其他动物在内，非人类动物也拥有这些神经基质。”

对于这个宣言，我的第一反应是怀疑。我们真的需要这种显而易见的陈述吗？多年以前，许多著名的研究人员就已经得出了同样的结论。宣言中还有一些遗漏。除了一名签字人以外，其他所有签字人都是实验室研究人员。该宣言可受益于对野生动物（包括非人类灵长类动物、社会性食肉动物、鲸类、啮齿动物和鸟类）进行长期研究的研究人员的观点。

现在的重要问题是：该宣言将会带来改变吗？这些科学家和其他人既然已经认同动物界广泛存在意识，那现在该怎么办？关于动物认知、情感和意识的有力科学知识未能在《动物福利法》中得到认可，这种情况太常见了。例如，我们知道小鼠、大鼠和鸡是情感丰富的动物并且会表现出同理心，但是美国联邦《动物福利法》（*Animal Welfare Act*，简称 AWA）并未将这一知识作为参考因素。实际上，《动物福利法》仍然不认为大鼠属（Rattus）的大鼠和小鼠属（Mus）的小鼠是动物。他们重新定义了“动物”一词以排除这些有感知能力的生物。包括鱼类在内，每年大约有 2500 万这样的动物被用于侵犯性研究。它们占美国研究用动物的 95% 以上。

我一直感到惊讶的是，那些制定动物利用法规的人忽略了这些数据。在我们的书《动物议程：人类时代的自由、同情和共存》（*The Animals' Agenda: Freedom, Compassion, and Coexistence in the Human Age*）中，杰西卡·皮尔斯（Jessica Pierce）和我呼吁用动物福祉科学代替动物福利科学。在动物福祉科学中，每个个体的生命都是重要的。动物福利以居高临下的态度对待其他动物，并以人类的名义允许它们的利益遭到践踏。人类的行为没有赶上科学的发展，而这种知识鸿沟对其他动物不利。

并非所有立法都忽视科学。2009 年 12 月 1 日生效的欧盟《里斯本条约》认识到动物是有感知能力的生物，并呼吁成员国在农业、渔业、交通、研究开发以及太空政策上“充分考虑动物的福利需求”。

《剑桥意识宣言》应该被当作一个范例，展示我们为什么需要尊重所有个体的生命。我们应该利用这个机会，制止以科学、教育、食物、服装和娱乐之名对数百万有意识动物的虐待。我们应当使用我们掌握的关于它们的知识，在对待它们时考虑同情心和同理心，这是我们对它们的亏欠。

11

扰乱意识

骗过心智的错觉可以让我们瞥见另一个层次。

揭示意识的错觉

脑成像和其他显像技术为神经学家们提供了研究大脑内部工作机制的巨大洞察力。不过研究我们的心智并不一定非得是高科技活动。简单易行的实验仍然可以研究意识和觉察的内在运行机制，而且很多这样的实验很容易在家里实施或者在互联网上找到。

橡胶手错觉和隐身

约 20 年前，宾夕法尼亚州的心理学家发现了一种奇妙的错觉。这些心理学家发现自己能够说服别人，让他们觉得一只橡胶手是属于他们自己的。做法是将它放在他们面前的桌子上，然后使用和对待真手同样的方式轻抚它（具体步骤见“试试在家做这个实验”）。

现在已经非常有名的“橡胶手错觉”不只是一个令人兴奋的派对把戏，对于理解视觉、触觉和“本体感受”——一种对身体位置的感受——如何共同发挥作用以创造出自我意识的基础之一，即身体所有权这种令人信服的感觉，它也极为重要。

试试在家做这个实验

要想体验橡胶手错觉，你需要一只假手——可以是一只充气的橡胶手套，一块平整的硬纸板和两根画笔。将假手放在你面前的桌子上，然后将你的真手隐藏在硬纸板后面。

现在让另一个人使用画笔，以完全相同的动作同时轻抚和拍打假手和真手。盯着假手看一会儿，直到错觉产生。

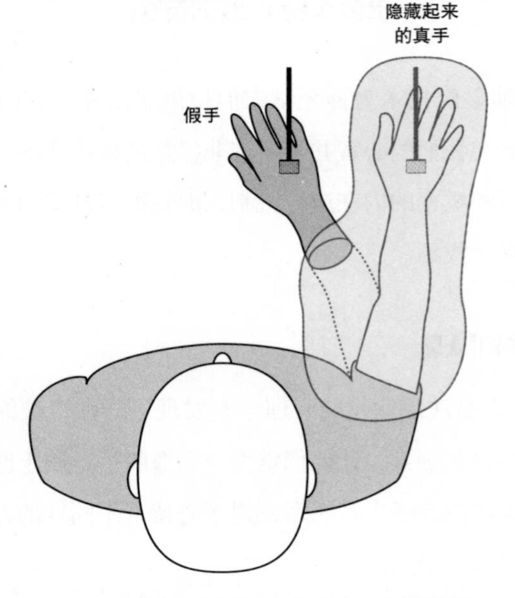

图 11.1　难以控制：当一个人看着一只橡胶手被轻抚时，用同样的方式轻抚他的真手，然后他的自我轮廓就会发生转移，将这只假手包括在内

隐身

近些年来，神经学家在橡胶手错觉的基础上创造了一系列全新的“身体错觉”，以奇怪且令人不安的方式扰乱我们的自我感。2008 年，瑞典斯德哥尔摩的卡罗林斯卡研究所的亨里克·埃尔逊（Henrik Ehrsson）及其团队将橡胶手错觉延伸到了全身。他们找来一个实物大小的人体模型，在眼睛的位置安装摄像头，并让它低头看向自己的腹部。一名人类志愿者站在这个人体模型对面，然后佩戴虚拟现实眼镜，眼镜里播放的是来自人体模型摄像头的视频反馈。

接下来，实验人员用两支画笔轻抚志愿者和人体模型的腹部。如果这是同步进行的，志愿者最终会报告称感觉人体模型的腹部是他们自己的。但是要让错觉起效，你真的需要假人吗？为了一探究竟，研究人员将摄像头指向一个空荡荡的区域。然后实验者再次轻抚志愿者的腹部，但是这一次他们用另一支画笔在摄像头视野中的空间轻轻拂动画笔，仿佛那里有一具身体似的。

该研究团队实施了一系列实验，每个实验涉及大约 20 名志愿者。大约 75% 的志愿者体验到了隐身的感觉，即觉得自己的身体就在画笔轻轻拂动空气的地方。具身感被转移到了身体外部。

这种隐身错觉产生之后，志愿者被要求抬头向上看。此时虚拟现实眼镜向他们展示了一群表情冷峻地向下俯视他们的人。产生人体模型错觉的志愿者也是如此。接下来研究团队测量了所有人的心率，他们发现感觉自己隐身的人，其心率低于感觉人体模型是自己身体的人，这表明隐身的感觉可能降低了社交焦虑。

身体传送错觉

在日常生活中，我们的身体带给我们的体验是某种有具体位置的物理实体。例如，当你坐在一张桌子前，你会觉察到自己的身体和它相对于你身边物体的大致位置。这些体验被认为构成了自我意识至关重要的一个方面。

瑞典斯德哥尔摩卡罗林斯卡研究所的神经学家阿尔维德·古特斯塔姆和他的同事们想要知道，大脑是如何产生这些体验的。为了一探究竟，古特斯塔姆的团队让 15 个人躺在一台功能性核磁共振大脑扫描仪中并佩戴一个头戴式显示屏。与显示屏连接的摄像头安装在房间里其他地方躺着的一个假人身上，让志愿者能够以假人的视角看到房间以及扫描仪里的自己。

然后研究团队的一名成员同时轻抚志愿者的身体和假人的身体。这会导致拥有假人的身体并身处那个位置的灵魂出窍体验。将假人摆放在房间的不同位置，重复进行多次实验，让志愿者在感知上被传送到各个位置，古特斯塔姆说。要想打破这种错觉，只需要在不同时间触摸志愿者和假人的身体即可。

通过比较志愿者产生错觉和不产生错觉时，以及他们感觉自己在房间里不同位置时的大脑活动，该团队能够找出大脑的哪些部位控制着我们对身体所有权的感觉和自我定位。

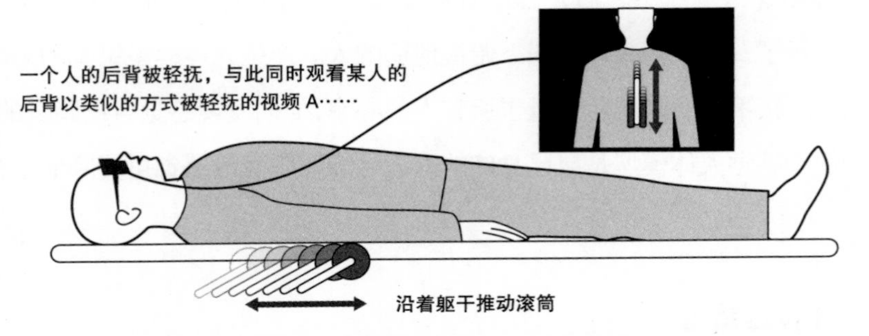

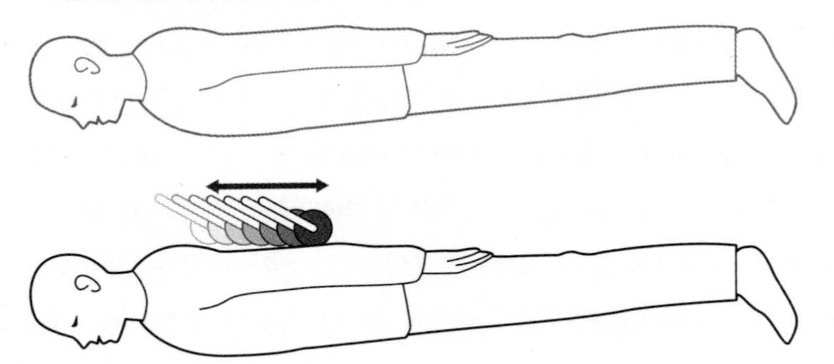

图 11.2　离开身体：通过操纵大脑整合感觉的方式，可以诱使一些人感觉似乎自己飘浮在自己身体上方

有一个区域似乎结合了二者：后扣带回皮质（posterior cingulate cortex），该区域位于大脑中央深处，朝向脑后。

正如预期的那样，顶叶和运动前区皮质也参与了传送错觉的产生，这两个区域都以整合信息以建立身体表征闻名。在体验错觉的过程中，已知含有帮助我们导航的专门部位和网格细胞的其他大脑区域也是活跃的。

他的团队还想研究在其他灵魂出窍体验中发生了什么，包括从上方看见自己的经典情况。

脱离实体的未来：遥控机器人的崛起

“作为一只蝙蝠是什么感觉？”哲学家托马斯·纳格尔在 1974 年提出了这个著名的问题。你会拍打着翅膀飞来飞去，回声定位，吃虫子，倒挂在某人的阁楼上。但是这种体验的某种关乎本质的东西是他无法想象的。“我被自己的心智资源局限着，而这些资源不足以胜任这项任务。”

纳格尔的著名文章思考了一个棘手的问题：我们的身体和我们的心智之间是什么关系？我们怎样能够理解一种不属于我们的状态？

现在，致力于实现遥控机器人的研究可能会提供一种又怪又酷的可能性——我们也许能够附身于某个非生命物体并搞清楚这是什么感觉。

遥控机器人通常许诺这样一个未来，让你可以在一天之内完成比从前多得多的事情，但是你需要附身于遍布世界各地的机器人，并在它们之间瞬时切换。

也许一个虚拟的你置身开罗，让你可以在早上逛一逛当地的街道；一个在伦敦，让你可以在午餐时间和某个朋友会面；一个在旧金山，让你可以在下午上一节课。或者你可以在每天早上穿戴机器人外骨骼，以完成数千里之外的工作，例如在遥远的工厂排除故障，或者检查远方的患者。西班牙巴塞罗那大学的计算机专家梅尔·斯莱特（Mel Slater）说，他的愿景是世界各地建立对接站，让人们能够随时附身。

目前这还不可能，但是这种新生的技术已经打开了一些不同寻常的可能性。它让爱德华·斯诺登（Edward Snowden）能够畅游美国，虽然他的身体被禁止踏上美国的土地；允许一位有开拓精神的澳大利亚人排队等待新的苹果手机；并且让一名残疾人活动家能够在白宫会见美国总统。

许多研究正在开发能让人们从远处更灵巧地控制这些其他自我的系统。在最近的一项实验中，意大利的三名瘫痪志愿者控制了一个日本机器人的动作，通过脑电图向 1 万千米之外发送指令。志愿者报告称，在机器人移动时感觉到一种特别强烈的附身感，而当它静止时，这种感觉就会减弱。

你附身的身体种类甚至会改变你感知世界的方式。虚拟现实提供了一种灵活得多的方式，让人们置于不同身体之中。在以前的实验中，斯莱特及其同事尝试将人们置于与他们的真实身体不符的虚拟身体。当成年人切换成儿童大小的身体时，他们开始高估物体的大小，并更加认同儿童属性。在另一项实验中，一群白人在肤色更深的虚拟身体上待了大约 10 分钟。然后，他们针对其他种族的含蓄偏见似乎减少了。

在最近的一项研究中，斯莱特的团队进一步研究了这个问题，看看大脑是否会接受分给 3 个不同的身体。41 名志愿者佩戴装备，得到 3 个不同的机器人身体。在这所大学其他地方的一个房间里，他们控制一个真人大小的 Robothespian 机器人为一屋子人类发表演讲。在另一个屋子，他们变成一个 Nao 机器人，和附近的某个人聊天。而在第三个虚拟目的地，他们重新成为人类，帮助另一个虚拟人进行手臂锻炼。他们在 3 个目的地之间切换，当他们离开一个机器人身体前往下一个时，就让代理软件接管。

总体而言，志愿者似乎对他们在 3 个新身体之间的传输感到满意，并评论说他们真的感觉好像自己就在那些地点一样，仿佛和那些真的在那儿的人在一起。“我感到自己被传送了。”一名志愿者说。

要想让此类技术能够迅速且轻松地在人类和机器之间传递动作和感觉，还有很长的路要走。而且我们不知道以这种方式长时间生活会产生什么影响。我们的大脑也有接受限度，例如对于橡胶手错觉，如果你用一根木块代替假手的话，就不会有效果了。

但是像斯莱特这样的实验表明，我们或许可以接受机械身体这样陌生的东西，甚至可以是不同形状和大小的多个机械身体。如果这种技术变得司空见惯，那么观察它如何改变我们与我们的机器人朋友的关系可能会很有趣。它会改变我们吗？它会帮助我们更好地共情吗？我们会更能理解作为非人类实体在这个世界上行动意味着什么吗？无论是机器人还是蝙蝠，前景都令人兴奋。

结语

近些年来，我们对意识的理解已经取得了长足的进展，但是一些基本问题仍未得到解答。那么我们现在置身何处？

我们可以从所有这些当中得到什么？考虑到未被解答的问题，我们很容易只看到我们对意识的理解中尚未解释清楚的地方。我们仍然不知道意识到底是真实的还是一种假象；它是人类独有的，还是许多动物（或许很快还包括机器人）共有的；或者自由意识是否真的存在。

尽管如此，神经学家已经在理解意识的生物学基础方面取得了很大进展。我们现在知道了大脑区域和神经网络的精巧细节，正是它们产生了这种对于世界的强烈且个人化的体验。这可能会改变我们生活的全部。

例如，对意识障碍的研究开辟了新的途径，以帮助那些无法体验世界或者无法与他人分享其体验的人。至于我们当中意识功能完整的幸运儿，也可以受益于旨在拓展我们意识的技术，无论是通过药物还是虚拟现实——或者也许是通过巧妙地使用技术让我们附身于全世界的许多地点。

最重要的是，意识研究为我们提供了触及成为人类的核心意义的机会。自我和自由意志的问题将帮助我们理解作为一个物种的我们是谁，我们为什么按照我们的方式思考和行动。然后，物理学家就有可能认为意识是另一种物质。

也许有一天，我们甚至能够解决最最棘手的问题：是什么让红色的体验是红色，而我看见红色的体验是否与你的体验相同？拭目以待。

话题热点

本章节不仅仅是普通的热点清单，更可以帮助你深入地探索人类意识这个主题。

5 个可去的地方

1. 勒内・笛卡儿故居博物馆（René Descartes House Museum）：笛卡儿说过一句名言："我思故我在。"拜访他在法国的出生地，看看这一切始于何处。

http://www.ville-descartes.fr

2. 伦敦科学博物馆的展览《我是谁》（*Who am I?*）。你可以在这里探索是什么让你比黑猩猩聪明，以及什么让你成为你。

http://www.sciencemuseum.org.uk/visitmuseum/plan_your_visit/exhibitions/who_am_i

3. 威廉・詹姆斯的剑桥市：这位心理学之父在马萨诸塞州剑桥市生活和工作，并在这里发展出了改变世界的关于人类心智、自由意志和意识的观念。你可以在这里徒步旅行，拜访许多他经常去的重要地点，包括他的故居和他创立的哈佛大学心理学系。

http://cambridgehistory.org/james/

4. 西格蒙德・弗洛伊德故居（Sigmund Freud' s House）：来到弗洛伊德在伦敦的居所看一看，包括那张让他进入人们的无意识的长沙发。

http://www.freud.org.uk

5. 希波克拉底文化中心（Hippocrates Cultural Center），马斯蒂恰里，科斯岛。希波克拉底是第一个将意识与大脑联系起来的人。在这里，你可以通过徜徉在一座复制出的公元前 5 世纪的古希腊村庄中走进他的头脑。这里有房屋和石头剧场。

http://www.hippocratesgarden.gr/

16 句引述

1. “我们是有意识的宇宙，而生命是宇宙理解自身的方式。”

——布莱恩·考克斯

2. “只有通过改变才可能出现意识；只有通过运动才可能出现改变。”

——阿道司·赫胥黎，

《观看的艺术》(*The Art of Seeing*)

3. “运用某种意识水平提出的问题，无法使用相同的意识水平解决。”

——阿尔伯特·爱因斯坦

4. “意识无法用物理术语解释。因为意识是绝对根本性的。它不能用任何其他方式解释。”

——埃尔温·薛定谔

5. “清醒时的意识是做梦——但它是被外部现实束缚的梦。”

——奥利弗·萨克斯

6. “在我们每个人当中，都有一个我们不了解的自己。”

——卡尔·荣格

7. “我的体验是我同意参加的东西。”

——威廉·詹姆斯

8. “意识本身是恰当地做出所有实体动作的最大阻碍。”

——李小龙

9. “让我们成为人类的东西，或许终究并不为人类所独有。”

——大卫·爱登堡

10. “（意识）要么是莫名其妙的幻觉，要么是启示。”

——克莱夫·斯特普尔斯·刘易斯

11. “教育是意识发展和社会重建的基本工具。”

——莫罕达斯·甘地

12. “你的意识范围只受你去爱并心怀爱意地拥抱你周遭一切的能力的限制。”

——拿破仑·波拿巴

13. “意识本身就是尽头。我们为了去某个地方折磨自己，当我们抵达时，发现那里是无名之地，因为我们本就无处可去。”

——戴维·赫伯特·劳伦斯

14. “从进化的角度看，人类意识出现的时间并没有很久。45 亿年之后，不知怎的亮起一点光。这种事会经常发生吗？也许它很罕见。”

——埃隆·马斯克

15. “现实为想象留出了许多空间。”

——约翰·列侬

16. “无人观看时的你才是你。”

——斯蒂芬·弗雷

5 个电影中有感知能力的机器人

1.《2001 太空漫游》(*2001: A Space Odyssey*, 1968):哈尔(启发式编程算法计算机)一开始是友好且有用的船员，后来密谋杀死全部船员以履行其计划中的任务。

2.《电脑梦幻曲》(*Electric Dreams*, 1984):一架台式电脑在被主人泼了香槟之后产生了感知能力，密谋通过偷走主人的女朋友破坏他的爱情生活。这是一部喜剧……

3.《终结者》(*The Terminator*, 1984):天网(Skynet)是有感知能力的计算机网络，派出终结者去杀死莎拉·康纳，以阻止她生下儿子约翰。在未来，约翰将消灭这些失控的计算机。

4.《我，机器人》(*I, Robot*, 2004):2035 年，机器人为人类服务，并被编程为不得伤害人类。真的是这样吗？……

5.《银河系漫游指南》(*Hitchhiker's Guide to the Galaxy*):在偏执狂人形机器人马文(Marvin)和计算机埃迪(Eddie the Computer)之间，黄金之心号飞船上不缺有精神问题的人工智能。

4 个笑话

1. 我讨厌现实。但是你还能从别的什么地方吃到一顿美味的牛排晚餐呢？

——伍迪·艾伦（Woody Allen）

2. 敲门敲门！

谁在那儿？

自由意志。

什么自由意志？

你真是不出所料……

3. 知道关于无意识的任何笑话吗？

我心中无弗洛伊德。

4. 勒内·笛卡儿走进一家酒吧。酒保说："能为你做杯喝的吗，先生？"他回答道：我想不用（I think not）。然后就不存在了。

[译注：这个笑话呼应的是笛卡儿的名言：我思故我在（I think therefore I am），那么既然 I think not，于是 I am not，结果笛卡儿就不存在了。]

11 个寻找更多信息的地方

1. 意识网站（*Consciousness*）：涵盖意识所有方面的在线影音展示，制作者是牛津大学教授马库斯·杜·索托伊（Marcus du Sautoy）http://www.barbican.org. uk/consciousness/

2.《对话意识》（*Conversations on Consciousness*）：最睿智的头脑对大脑、自由意志和作为人类的意义的思考。苏珊·布莱克摩尔（Susan Blackmore）与从克里斯托弗·科赫到丹尼尔·查尔默斯（Daniel Chalmers）等各位专家对谈，得到他们对关于意识的这些重大问题的看法。牛津大学出版社，2006。

3.《人类意识之谜》（*The Mystery of Human Consciousness*）：来自网站 How Stuff Works（原来如此）的播客节目 http://www.stufftoblowyourmind.com/podcasts /mystery–human–consciousness.htm

4.Consc.net：哲学家大卫·查尔默斯的个人网站，他在 1994 年提出了意识的“难问题”。网站上有论文和演讲链接，还有通往许多其他哲学网站的链接。

5.《巨大的未知：什么是意识》（*The Big Unknowns: What is consciousness?*）《卫报》科学博客，阿尼尔·赛斯和克里斯托弗·科赫制作。

https://www.theguardian.com/science/audio/2016/aug/05/big–unknowns–what–is–consciousness–podcast

6.《为什么红色听起来不像钟声》，J. 凯文·奥里根提出的意识的感觉运动理论的更详细的阐述。牛津大学出版社，2011。

7. 意识简介（Introducing consciousness）：来自英国开放大学的免费在线课程。http://www.open.edu/openlearn/history–the–arts/culture/philosophy/introducing–consciousness/ content–section–0

8. 哲学入门(Philosophy for Beginners):来自牛津大学的免费播客,共有5讲。https://podcasts.ox.ac.uk/series/philosophy–beginners

9.《意识的解释》(*Consciousness Explained*) : 丹尼尔 · C. 丹尼特 (Daniel C. Dennett) 用他自己的话阐述他的唯物主义理论。企鹅出版社，1993。

10. 斯坦福哲学百科 : 意识 (Consciousness. Stanford Encyclopedia of Philosophy.) : 主要问题在线指南，来自斯坦福大学。https://plato.stanford.edu/entries/consciousness/

11.《灵魂尘埃 : 意识的魔法》，作者尼古拉斯 · 汉弗莱探究了意识的生物学目的。普林斯顿大学出版社，2011。

9 条文化指涉

1. “许多我们坚守的真相取决于我们的视角。”

——尤达大师，《星球大战：绝地归来》

2 “正统是无意识。”

——乔治·奥威尔，《1984》

3. “什么是真实？你如何定义‘真实’？如果你说的是你能够感觉、能够嗅到、能够品尝和看见的东西，那么‘真实’只不过是被你的大脑解释的电信号。”

——墨菲斯，《黑客帝国》

4. “一旦某种生物让你看见它的意识，你就很难将它杀死。”

——卡尔·萨根，《接触》(*Contact*)

5. “最重要的是：对自己要真实。”

——威廉·莎士比亚，《哈姆雷特》

6. “只要你能找到自己，你就永远不会挨饿。”

——苏珊·柯林斯，《饥饿游戏》

7. “你不知道你作为一只猴子有多幸运。因为意识是一种可怕的诅咒。我思考。我感受。我痛苦……”

——克雷格·施瓦茨（Craig Schwartz），
《成为约翰·马尔科维奇》(*Being John Malkovich*)

8. “他让自己被自己的信念动摇，即人类并不是在他们的母亲生下他们那天一劳永逸地出生的，而是生活一次又一次地迫使他们生下自己。”

——加夫列尔·加西亚·马尔克斯，
《霍乱时期的爱情》

9. “这就是内心体验，它是终极现实的世界，记忆、情感、想象、智慧和自然常识的世界，而且它将像心跳一样持续不停。”

——特德·休斯（Ted Hughes），

《制造中的诗歌：一个选集》（*Poetry in the Making: An Anthology*）